Generis
PUBLISHING

AF510365

Apports au sol des nutriments et efficacité agronomique des litières de Jatropha

Cas des régions septentrionales du Cameroun

ANGUESSIN Benjamine
IBRAHIMA Adamou
MAPONGMETSEM Pierre Marie

Title: **Apports au sol des nutriments et efficacité agronomique des litières de Jatropha**

Cas des régions septentrionales du Cameroun

ISBN: 979-8-89248-613-2

Author: ANGUESSIN Benjamine, IBRAHIMA Adamou,MAPONGMETSEM Pierre Marie

Cover image: https://pixabay.com/

Publisher: Generis Publishing
Online orders: www.generis-publishing.com
Contact email: info@generis-publishing.com

DÉDICACE

À mes enfants:

MONGLO ERBANANAVAÏ Ange Le Sage,

MONGLO KIYINBAII Josué Le Noble

MONGLO AWLOUKA Nathanaël Le Roy

REMERCIEMENTS

Ce travail a été réalisé au sein du Laboratoire de Biodiversité et Développement Durable (LAB2D). Il est le fruit de huit années de recherches. Sa réalisation n'a pas été facile compte tenu de nombreuses difficultés rencontrées: l'éloignement des sites d'étude, le manque de financement...Malgré toutes ces difficultés, il a été réalisé grâce aux interventions conjuguées de plusieurs personnes qui m'ont aidé. Je tiens à exprimer ma profonde gratitude à toutes les personnes qui ont contribué.

À mes encadreurs: le Professeur MAPONGMETSEM Pierre Marie et le Pr IBRAHIMA Adamou qui n'ont ménagé aucun effort pour assurer la direction de cette thèse malgré leurs multiples occupations. Ils se sont toujours montrés disponible pour la réalisation de ce travail; vos encouragements, soutiens, conseils et suggestions m'ont été d'un secours inestimable, vous êtes pour moi un modèle et une source d'inspiration.

À Mr BIYANZI Pierre pour m'avoir aidée dans les différentes analyses chimiques effectuées au laboratoire de l'ENSAI de l'Université de Ngaoundéré.

Au Dr FAWA GUIDAWA pour ses aides multiformes et sa disponibilité.

À mes Camarades DONG ETCHIKE A., DONA ADOUM, DODOROM TEBLE W et NDURYANG J.B pour leur soutien et encouragements

À la mémoire de mon amie SOUAD MAHAMAT TOBOYE qui nous a quitté que son âme repose en paix.

À Mon époux MONGLO DAWAÏ pour sa tendresse, son amour et ses encouragements.

À mes chers parents: KLAVAC Paul et DOGUEBETCH pour tout leur amour qu'ils ne cessent de m'accorder.

À mes frères: KLAVAC Laurent, KLAVAC René, KLAVAC Emmanuel, BOUTCHE Jean-Pierre, KLAVAC Enoc, KLAVAC Tounidé et ma sœur Henriette Joséphine et à la mémoire de Feu KLAVAC Elie pour tout leur perpétuel soutien.

Aux paysans de la partie septentrionale du Cameroun détenteurs des haies vives de *Jatropha* et qui ont montré un intérêt particulier à ces essences.

Au Dieu tout puissant pour sa grâce et ses merveilles infinies.

LISTE DES ABRÉVIATIONS

AFNOR: Association Française de Normalisation
CEC: Capacité d'Echange Cationique
CIRAD: Centre de Coopération Internationale en recherche agronomique pour le développement
ENSAI: Ecole Nationale Supérieure des Sciences Agroindustrielles
FAO: Organisation des Nations Unies pour l'Alimentation et l'Agriculture
GES: Gaz à Effet de Serre
GTZ: Deutsche Gesellschaft für Technische Zusammenarbei
IBGE: Institut Bruxellois pour la Gestion de l'Environnement
ICRAF: Centre International de Recherche en Agroforesterie
IPIECA: International Petroleum Industry Environmental Conservation
IRAD: Institut de Recherche Agricole pour le Développement
MOD: Matière Organique Digestible
PFL: Produits Forestiers Ligneux
PFNL: Produits Forestiers Non Ligneux
SAB: Statut acidobasique
SCDB: Secrétariat de la Convention sur la Diversité Biologique
UNEP: United Nations Environment Program
UNIFA: Union des Industries de la Fertilisation
JCHHN: *Jatropha curcas* hors houppier Ngaoundéré
JGHHN: *Jatropha gossypifolia* hors houppier Ngaoundéré
JCSHN: *Jatropha curcas* sous houppier Ngaoundéré
JGSHN: *Jatropha gossypifolia* sous houppier Ngaoundéré
JCHHG: *Jatropha curcas* hors houppier Ngong
JGHHG: *Jatropha gossypifolia* hors houppier Ngong
JCSHG: *Jatropha curcas* sous houppier Ngong
JGSHG: *Jatropha gossypifolia* sous houppier Ngong
JCHHM: *Jatropha curcas* hors houppier Maroua
JGHHM: *Jatropha gossypifolia* hors houppier Maroua
JCSHM: *Jatropha curcas* sous houppier Maroua
JGSHM: *Jatropha gossypifolia* sous houppier Maroua

TABLE DES MATIÈRES

LISTE DES FIGURES

LISTE DES TABLEAUX

LISTE DES ANNEXES

INTRODUCTION

INTRODUCTION

La planète terre est soumise à des pressions anthropiques et naturelles. Ces pressions incluent une demande accrue de ressources naturelles notamment les produits forestiers non ligneux (PFNL) qui constituent une des principales sources d'alimentation humaine et animale, de médicaments et de revenus pour les populations rurales et urbaines (FAO, 2003; FAO, 2006; Mapongmetsem *et al.,* 2008). L'exploitation anarchique de la forêt conduit à leur dégradation et à la perte de la diversité biologique. La moitié des forêts tempérées mixtes de feuillus et près d'un quart des forêts tropicales ont été fragmentées ou supprimées par les activités anthropiques (SCDB, 2009).

Les écosystèmes des zones soudano-sahéliennes et soudano-guinéennes du Cameroun sont également menacées par une dégradation générale des ressources renouvelables (Boukar *et al.*, 1991, Mapongmetsem et Ibrahima, 1999). Dans les zones semi-arides, plus de 60 % des terres sont menacées par une dégradation d'origine anthropique (Abdoul, 2011). De même l'explosion démographique, l'exode rural, les pratiques agricoles inadaptées et la surexploitation des terres ont réduit les réserves en terres cultivables ainsi que la fertilité des sols (Delleré, 1991).

Dès lors pour palier à cette situation désastreuse, il faudra promouvoir une approche durable de gestion de ressources naturelles et des pratiques aptes à promouvoir la fertilité des sols. L'agroforesterie apparaît comme l'une des solutions adéquates (Mapongmetsem *et al.*, 1997; Molenaar et Kessler, 2008). Par l'intégration des arbres et des arbustes dans le système de production agricole, l'agroforesterie permet une haute production en biomasse même sur des sites dégradés. En plus, elle contribue à une réduction de la dégradation des sols hors de la surface cultivée et à une séquestration importante du carbone. La transformation d'une parcelle agricole en système agroforestier permet une séquestration durable de l'ordre de 10 à 20 tonnes de carbone par hectare (Konig, 1992). L'agroforesterie constitue un système efficace pour la séquestration du carbone, d'une part dans le bois de l'arbre et d'autre part dans la matière organique incorporée dans le sol à travers leurs parties mortes. La décomposition de cette litière est un moyen de libération des composés organiques en particulier le carbone et des éléments minéraux au sol et mise à la disposition des organismes du sol et des plantes y compris les cultures. La compréhension des processus de décomposition de litière est une étape indispensable pour la gestion durable de la fertilité des sols des écosystèmes forestiers y compris les agroforêts (Ibrahima *et al.*, 2008).

De plus, par son enracinement, l'arbre injecte dans des horizons profonds une quantité importante de carbone, d'où un stockage durable en profondeur (Anonyme, 2008). Les systèmes agroforestiers contribuent à l'amélioration des conditions économiques et sociales dans les zones rurales en accroissant la rentabilité et la sécurité des produits, en créant des emplois (ICRAF, 1990). Cependant, il est important de cibler des cultures qui contribuent à protéger l'environnement et qui n'hypothèquent pas la sécurité alimentaire dans les pays en voie de développement dont certains sont caractérisés par une production alimentaire insuffisante. À cet effet, le genre *Jatropha* apparaît comme l'une des cultures les plus prometteuses pour la production de biocarburant et des biofertilisants (Gbosségnon, 2007; Berchmans et Hirata, 2008).

Dans la zone soudano-sahélienne du Cameroun, les espèces du genre *Jatropha* sont intégrées dans les systèmes agroforestiers et jouent plusieurs rôles dans la production agropastorale: lutte antiérosive, haie vive et base foncière. Elles possèdent plusieurs vertus médicinales et traitent ainsi plusieurs maladies comme la gonococcie, les blessures, les parasitoses intestinales, les troubles cardiaques et les maladies mystiques (Anguessin, 2010).

L'utilisation de la litière des espèces du genre *Jatropha* comme fertilisant organique permet de réduire l'utilisation des engrais chimiques qui présentent plusieurs inconvénients tels que le coût élevé et leur inaccessibilité par les paysans à cause de leur rareté sur les marchés ainsi que la pollution de l'environnement qu'ils engendrent (Kaho *et al.,* 2011). En cas de saturation du milieu, 50 à 60 % des intrants chimiques ne sont pas utilisés par les plantes et sont entraînés dans les cours d'eau et les lacs où ils s'accumulent sous forme de nitrates et de phosphates causant ainsi la pollution et le bouleversement des écosystèmes. Dans de nombreux écosystèmes, l'azote est un nutriment limitant pour la production de la biomasse. Capté par les végétaux et les micro-organismes, l'azote en grande quantité n'est pas complètement lessivé et s'accumule dans les sols et la végétation. Cette « saturation en azote » peut mener à une perte de fertilité, une baisse de la production primaire, voire à la mort des arbres (Aber *et al.*, 1998). Les travaux récents ont montré que la productivité des sols sous les tropiques baisse avec l'utilisation continue des engrais chimiques (Ahuja, 2003).

Par ailleurs le développement des biocarburants à partir des fruits de *Jatropha* créera de nouvelles filières agricoles et pourra offrir de nouveaux créneaux porteurs pour les agriculteurs des pays en voie de développement: bois, fibres, produits alimentaires et pharmacopée (Sokpon et Lejoly, 1996; Mapongmetsem *et al.,* 1997; Souare, 2006; Berchmans et Hirata, 2008). Le développement de la filière biocarburant pourra de même réduire les effets du changement climatique et la dépendance des pays en voie de développement vis-à-vis des énergies fossiles notamment les hydrocarbures qui sont des ressources énergétiques non renouvelables (Gbosségnon, 2007).

De nombreux travaux scientifiques ont été réalisés sur *Jatropha* en particulier sur le développement végétatif et sa productivité (Heller, 1996); la teneur en huile de ses graines, propriétés physico-chimiques et la valeur énergétique de son huile au Mali (Henning, 2000); l'utilisation de latex de la tige de *Jatropha gossypifolia* comme agent hémostatique au Nigéria (Oduola *et al.*, 2007); la productivité de *Jatropha curcas* et l'impact de la plante sur les propriétés chimiques du sol au Centre Est du Burkina Faso (Sanou, 2010); la caractérisation botanique et ethnobotanique du genre *Jatropha* dans le Département du Mayo-Louti au Nord-Cameroun (Anguessin, 2010); la variabilité morphologique et la conservation des morphotypes de *Jatropha curcas* au Bénin (Gbemavo *et al.*, 2015); les effets du type de fertilisation sur la productivité du *Jatropha curcas* en zone des savanes d'Afrique Centrale dans la localité de Sanguéré Paul au Nord-Cameroun (Adamou *et al.*, 2016).

Cependant, l'apport au sol en composés biogènes à partir de la décomposition de litières foliaire de *Jatropha* et l'effet de ces litières sur la croissance et le développement des cultures n'ont pas encore été étudiés.

Le présent travail vise à contribuer à la valorisation de *Jatropha* dans les savanes soudano-guinéenne et soudano-sahélienne du Cameroun.

Il s'agit spécifiquement de:

- déterminer l'influence de la diversité des litières sur leur lessivage;

- déterminer l'influence du gradient climatique sur la décomposition des litières foliaires de *J. curcas* et de *J. gossypifolia*;

- déterminer l'influence du gradient climatique sur la dynamique des composés biogènes au cours de la décomposition des litières de *Jatropha*;

- évaluer l'efficacité agronomique des litières de *Jatropha* sur la production de la tomate (*Lycopersicon esculentum*).

Les hypothèses de recherche qui en soutendent sont les suivantes:

- la diversité des litières influence leur lessivage;

- le gradient climatique influence la vitesse de décomposition des litières de *J. curcas* et *J. gossypifolia;*

- le gradient climatique influence la dynamique des composés biogènes au cours de la décomposition de litière;

- les litières de *J. curcas* et de *J. gossypifolia* améliorent la production et le rendement des plants de tomate.

PLAN DE MEMOIRE DE LA THESE

Le mémoire s'organise en trois chapitres en dehors de l'introduction et de la conclusion. L'introduction comprend la problématique, le contexte dans lequel se déroule les études, les objectifs spécifiques visés et se termine par la formulation des hypothèses. Le chapitre 1 correspond à la revue de littérature qui présente la synthèse bibliographique. Le chapitre 2 qui porte sur le matériel et méthodes présente une description du site d'étude et la méthodologie utilisée. Le troisième chapitre est relatif aux résultats et à la discussion. La dernière partie est consacrée à la conclusion et aux perspectives.

CHAPITRE I: REVUE DE LA LITTÉRATURE

CHAPITRE I: REVUE DE LA LITTÉRATURE

I.1 Description des espèces sélectionnées

I.1.1 *Jatropha*

I.1.1.1 Description botanique

Le *Jatropha* se présente sous la forme d'un arbre ou arbuste de 2 à plus de 10 m de hauteur. Son écorce grise ou roussâtre est marquée de taches blanches. La feuille, en forme de cœur, est plus ou moins découpée en 3 à 5 lobes. Ses branches contiennent du latex. Souples quand elles sont jeunes, elles deviennent cassantes avec l'âge, ce qui peut gêner les opérations de récolte. Sa floraison est liée au régime des pluies. L'arbre donne des fruits de couleur jaune, qui deviennent marron foncé en séchant. Les fruits contiennent 1, 2 ou 3 graines riches en huile. La multiplication du *Jatropha* peut être réalisée par graines ou par boutures (Domergue et Piror, 2008). Le *Jatropha* est une plante dicotylédone sauvage, buissonnante de la famille des *Euphorbiaceae*. On les appelle aussi médiciniers pour leurs utilisations thérapeutiques auxquelles le genre doit son nom. Le nom du genre *Jatropha* dérive du Grec *jatrós* (= docteur) et *trophé* (= aliment), d'où ses usages médicinaux. Comme pour la plupart des *Euphorbiaceae*, les baies et la sève sont toxiques. Ses graines contiennent 27 à 40 % d'huile. L'huile n'est pas comestible, voire toxique, à cause de sa teneur en ester phorbélique, mais c'est un excellent carburant, huile lampant et matière première pour la production de savon. Un grand avantage de la plante réside dans le fait qu'elle pousse sur un sol dégradé. Ainsi, elle n'est pas forcément en concurrence avec les plantes vivrières. Le genre *Jatropha* compte 177 espèces, parmi lesquelles se trouvent *Jatropha Curcas* L. et *Jatropha gossypifolia* L. ayant des semences oléagineuses (Jongschaap *et al.,* 2007).

I.1.1.2 Origine, écologie et distribution de *Jatropha curcas* L.

J. curcas est une espèce pantropicale originaire d'Amérique Centrale (Figure 1). Des Caraïbes, *J.curcas* a été transporté dans d'autres pays d'Afrique et d'Asie par les pêcheurs portugais en passant par la Guinée Bissau. Aujourd'hui cette plante est cultivée dans plusieurs pays tropicaux et subtropicaux comme haie autour des jardins et des champs. Le pourghère (*Jatropha curcas* L.) est cultivé au Togo, au Ghana, au Sénégal, au Mali, en Côte d'Ivoire et au Niger. L'expérimentation a commencé au Bénin. En Afrique, *J. curcas* est très répandue du Sénégal au Cameroun et localement très commune (Jongschaap *et al.,* 2007). *J. curcas* n'est pas exigeant par rapport à la qualité du sol et la plante pousse même sur les terres dégradées. *J. curcas* habite les savanes soudaniennes et guinéennes. Introduit dans les villages, il n'est pas une mauvaise herbe et ne se propage pas seul car il doit être planté. Il ne nécessite aucun entretien particulier mais, pour bien fructifier, a besoin d'au moins 400 à 600 de précipitations annuelles, et peut par ses racines fortes et profondes, ainsi que par son tronc à caudex qui constitue un réservoir d'eau, résister à des périodes de sécheresses prolongées. Pendant les périodes de gel, *J. curcas* survit en perdant ses feuilles. La plante supporte mal une précipitation supérieure à 2000 mm. Elle peut commencer à produire au bout d'un an (Jongschaap *et al.*, 2007). Il faut 12 mois pour obtenir une plante adulte à partir de graines ou 9 mois à partir d'une bouture mais le pourghère atteint sa pleine productivité en 3 ou 4 ans selon la nature du sol et le climat. La plante vit plus de 50 ans. La culture de *J. curcas* requiert une préparation du sol lorsque l'horizon superficiel est induré (trou ou saillie de sous-solage d'au moins 30 cm de profondeur), ne demande ni pesticides et autres produits polluants (grâce à ses qualités insecticides et fongicides). Il s'adapte aux sols arides ou semi-arides impropres à la plupart des cultures vivrières. Un hectare peut permettre la culture de 1500 à 2500 pieds de *J. curcas* et chaque arbre adulte donne entre 2 et 6 kg de graines par an généralement en deux fructifications selon le cultivar utilisé et la richesse du sol. 5 kilos de fruits donnent 1 litre de biocarburant. On peut donc espérer entre 600 et 1800 litres d'huile à l'hectare. La coque séchée des graines est combustible et peut remplacer le bois de feu, ce qui constituerait une solution à la déforestation en milieu rural (Alfons, 2007). En monoculture, la pression des ravageurs augmente. Il existe un risque élevé de pertes, allant jusqu'à la perte totale, par exemple par les criquets. L'espèce peut être attaquée par *Lagocheirus undatus*, *Panthomorus femorauts*, *Leptoglossus zonatus*, *Pachycoris torridus* et *Nezara viridula*. L'Inde s'apprêterait à planter 40 millions d'hectares de *J. curcas*, et a procédé à des tests intensifs de ce biocarburant. Trois Mercedes alimentées en diesel issu de l'huile *J. curcas* ont déjà parcouru 30 000 kilomètres (Domergue et Piror, 2008).

Figure 1: Carte de distribution de Jatropha curcas L. dans le monde (Heller, 1996)

I.1.1.3 Position systématique de *Jatropha curcas* L.

Règne: végétal, arbuste de 3 à 4 m, à latex translucide, avec des nombreuses branches épaisses, cassantes, dressées partant de la base, à écorce bronzée verdâtre se desquament en lames minces (Kerharo et Adam, 1974).

Embranchement: Magnoliophyta, plante possédant des fleurs et graines.

Sous-embranchement: Angiosperme, les graines de l'espèce sont enfermées dans un ovaire.

Classe: Magnoliopsida, la graine de l'espèce présente deux cotylédons (Bamps, 1970).

Ordre: Malpighiales, caractérisé par la fréquence des feuilles stipulées, simples souvent alternes, des fleurs hétérochlamydes, dialypétales, hypogynes, des gynécées tricarpellés, et triloculaires, des styles libres, des glandes sur différents organes (Rodolphe-Edouard *et al.*, 2016).

Famille: Euphorbiaceae, baies et sève toxiques (Jongschaap *et al.*, 2007).

Genre: *Jatropha,* rameaux épais, latex translucide abondant (Berhaut, 1967) Espèce: *Jatropha curcas* L. (Figure 2), jeunes rameaux épais-charnus; limbe complétement glabre, un ou deux pointes parfois peu sensibles sur les côtés, long et large de 8-15 cm à base large mais peu profondément cordé; fleurs verts jaunâtres en corymbe vers le sommet des rameaux; capsules à trois lobes longues de 3 cm (Berhaut, 1967).

Figure 2: Spécimen de Jatropha curcas L.

I.1.1.4 Ethnobotanique de *Jatropha curcas* L.

Traditionnellement, on utilise les graines ou l'huile de *Jatropha curcas* comme un purgatif ou laxatif et sa racine contre la lèpre, le latex pour arrêter le saignement et lutter contre les infections, les feuilles pour traiter le paludisme. Cette plante semble contenir des principes actifs ayant une activité désinfectante, antifongique et antiparasitaire, susceptible d'être utilisée contre la Malaria comme les baies de raisin d'Amérique. L'extrait de *J. curcas* serait un excellent molluscide, actif contre l'escargot hôte de *Schistosoma mansoni* et *Schistosoma haematobium*, vecteurs de la bilharziose. L'huile de *Jatropha* permet également de fabriquer du vernis après oxydation avec des oxydes de fer et un colorant. Cette graine est utilisée dans la médecine traditionnelle, dans l'alimentation du bétail et dans la fabrication du savon de Marseille ou de bougies (Jongschaap *et al.*, 2007). En effet, les résidus provenant du processus de purification de l'huile peuvent être utilisés pour la fabrication à grande échelle de savon dans les zones rurales donnant ainsi aux femmes la possibilité de gagner de l'argent supplémentaire et de renforcer leur position économique. Le tourteau, autre sous-produit de l'extraction de l'huile, peut être utilisé comme aliment de bétail après élimination de la toxine qu'il contient ou comme engrais organique de haute qualité comparable à celle du fumier de poules. Pour cette raison en Inde, les plantations de bananes sont fertilisées avec le tourteau de pressage et les chinois l'utilisent en entourant leurs terrasses de riz par des haies de *J. curcas*. Plus récemment, son usage pour produire des agrocarburants s'est développé, notamment en Inde, ce qui lui vaut le surnom de "or vert du désert". En décembre 2008, un Boeing 747 d'Air New Zealand a effectué avec succès un vol test en utilisant, pour l'un de ses moteurs, l'huile de *Jatropha* (Smith, 1997). Quelques potentialités de *J. curcas* ont été relevées à Madagascar notamment: haie de clôture des fermes, des champs ou du parc à bœuf, délimitation des propriétés mitogènes, tuteur des plants de vanille et de poivre, produit de soins capillaires où l'huile est traditionnellement produite par cuisson des graines, haie de protection contre l'érosion par le vent et l'eau, comme haie de protection contre les feux de brousse, l'huile pressée comme huile lampant et lubrifiant (Alfons, 2007).

I.1.1.5 Origine, écologie et distribution de *Jatropha gossypifolia* L.

J. gossypifolia est un arbuste de 0,5 à 2 m de haut, à feuillage souvent pourpre foncé. Cette plante est originaire du Brésil et n'est probablement venue en Afrique qu'au moment de la traite des Noirs. Elle est souvent spontanée, aujourd'hui près de la côte mais elle a pénétrée aussi à l'intérieur de l'Afrique, quelques plants sont cultivés dans les villages (Chevalier, 1937).

I.1.1.6 Position systématique de *Jatropha gossypifolia* L.

Règne: Végétal, arbuste haut de 1 m environ (Berhaut, 1967).

Embranchement: Magnoliophyta, plante caractérisée par la présence des fleurs et des graines.

Sous-embranchement: Angiosperme, les graines de l'espèce sont enfermées dans un ovaire.

Classe: Magnoliopsida, la graine de l'espèce présente deux cotylédons (Bamps, 1970).

Ordre: Malpighiales, caractérisé par la fréquence des feuilles stipulées, simples souvent alternes, des fleurs hétérochlamydes, dialypétales, hypogynes, des gynécées tricarpellés, et triloculaires, des styles libres, des glandes sur différents organes (Rodolphe-Edouard *et al.*, 2016).

Famille: Euphorbiaceae, baies et sève toxiques (Jongschaap *et al.*, 2007).

Genre: *Jatropha,* Rameaux épais, latex translucide abondant (Berhaut, 1967).

Espèce: *Jatropha gossypifolia* L. (Figure 3), pas de glandes à la base du limbe, mais des poils charnus-glanduleux sur les parties jeunes et surtout à la base du pétiole, limbe trilobé, les trois lobes séparés jusque dans le tiers inférieur du limbe, pétiole long de 5-10 cm; fleurs verdâtres, suivies de capsules trilobées; arbuste rougeâtre (Berhaut, 1967).

Figure 3: Pied de Jatropha gossypifolia L.

I.1.1.7 Ethnobotanique de *Jatropha gossypifolia* L.

Jatropha gossypifolia L., connu sous le nom de "buisson de ventre", est une plante médicinale largement utilisée dans toute l'Afrique et l'Amérique. Plusieurs utilisations humaines et vétérinaires en médecine traditionnelle sont décrites pour différentes parties et préparations à base de cette plante. Son huile est purgative et la racine est utilisée contre la lèpre. Elle est utilisée comme agents antimicrobiens (Dhale et Birari, 2010; Gaikwad *et al.*, 2012), anti-inflammatoires (Oliveira *et al.*, 2010), antidiarrhéiques, antihypertenseurs, anticancéreux, anti-malaria (Jansen *et al.*, 2010) et insecticide (Valencia *et al.*, 2006).

I.1.2 *Lycopersicon esculentum* Mill.

I.1.2.1 Description botanique de Lycopersicon esculentum

La tomate fait partie de la famille des *Solanaceae* et du genre *Solanum*. La famille des *Solanaceae* comprend 94 genres et environ 2950 espèces cosmopolites. Les *Solanaceae* comprennent notamment le tabac (*Nicotiana tabacum*) et le piment (genre *Capsicum*). D'autres espèces sont connues pour leurs vertus psychotropes comme la mandragore (*Mandragora officinarum*) ou la belladone (*Atropa belladonna*). Le genre *Solanum* est très important dans le monde (environ 1700 espèces recensées) et comporte des plantes alimentaires comme la pomme de terre (*Solanum tuberosum*), ainsi que la tomate (Ranc, 2010). La tomate est une plante pérenne de courte durée (Figure 4), qui peut atteindre une hauteur de plus de deux mètres. Racine pivotante qui pousse jusqu'à une profondeur de 50 cm ou plus. La racine principale produit une haute densité de racines latérales et adventices. Le port de croissance varie entre érigé et prostré. La tige pousse jusqu'à une longueur de 2 à 4 m. La tige est pleine, fortement poilue et glandulaire. Les feuilles sont disposées en spirale de 15 50 cm de long et 10 à 30 cm de large. Les grandes folioles sont parfois pennatifides à la base (Rice *et al.*, 1993). L'inflorescence est une cyme formée de 6 à 12 fleurs. Le tube du calice est court et velu, les sépales sont persistants. En général, il y a 6 pétales qui peuvent atteindre une longueur de 1 cm, qui sont jaunes et courbées lorsqu'elles sont mûres. Il y a 6 étamines et les anthères ont une couleur jaune vif et entourent le style qui a une extrémité stérile allongée (Varela *et al.,* 2003). En général, la plante est autogame, mais la fécondation croisée peut avoir lieu. Les abeilles et les bourdons sont les principaux pollinisateurs. Le fruit de tomate est une baie charnue, de forme globulaire ou aplatie avec un diamètre de 2 à 15 cm. Lorsqu'il n'est pas encore mûr, le fruit est vert et poilu. La couleur des fruits mûrs varie du jaune au rouge en passant par l'orange. Les fruits sont généralement ronds et réguliers ou côtelés (Ryckwaert et Langlais, 2000).

Figure 4: Spécimen de tomate

Source: Wikipédia, 2009

I.1.2.2 Origine, écologie et distribution de la tomate

La tomate est originaire des Andes d'Amérique du Sud. Elle fut domestiquée au Mexique, puis introduite en Europe en 1544 (Figure 5). De là, sa culture s'est propagée en Asie du Sud et de l'Est, en Afrique et Moyen Orient. À partir de la fin du 18ème siècle, la tomate a été considérée comme un légume, avant c'était une plante ornementale (Yverdon, 2013). Plus récemment, la tomate sauvage a été introduite dans d'autres régions de l'Amérique du Sud et au Mexique. Parmi les noms communs utilisés pour désigner la tomate, il y a les suivants: tomate (Espagnol, Français), tomat (Indonésien), faan ke'e (Chinois), tomati (Afrique de l'Ouest), tomatl (Nahuatl, langue indigène du Mexique), jitomate (espagnol mexicain), pomodoro (Italien), Nyanya (Swahili). La tomate pousse bien sur la plupart des sols minéraux qui ont une bonne capacité de rétention de l'eau, une bonne aération et qui sont libres de sels. Elle préfère les terres limoneuses profondes et bien drainées. La couche superficielle du sol doit être perméable. Une profondeur de sol de 15 à 20 cm est favorable à la bonne croissance d'une culture saine. Dans les sols d'argile lourde, un labourage profond permettra une meilleure pénétration des racines (Naika *et al.*, 2005).

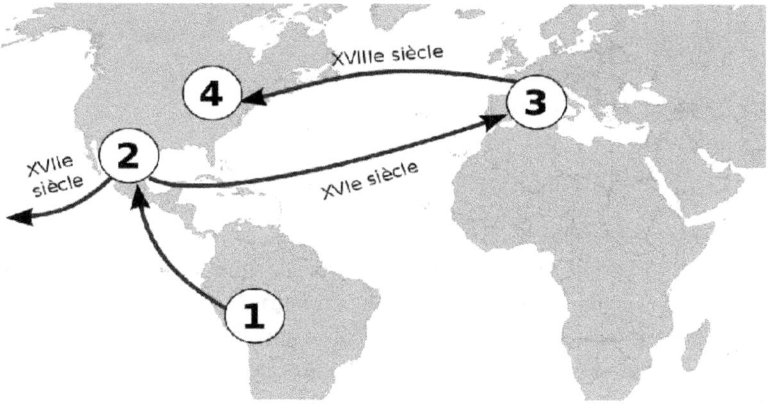

Figure 5: Carte de propagation de la tomate dans le monde

Source: Wikipédia, 2009

1. Pérou, centre de diversification, 2. Mexique: premier centre de domestication, 3. Europe: deuxième centre de domestication, 4. États-Unis: troisième centre de domestication

I.1.2.3 Position systématique de *Lycopersicon esculentum*

Règne: Végétal, plante annuelle, qui peut atteindre une hauteur de plus de deux mètres (Rice *et al.,* 1993).

Embranchement: Magnoliophyta; présence des fleurs et des graines.

Sous-embranchement: Angiosperme, les graines de l'espèce sont enfermées dans un ovaire.

Classe: Magnoliopsida, la graine de l'espèce présente deux cotylédons (Bamps, 1970).

Ordre: Solanales, Plantes essentiellement herbacées à feuilles alternes dont les fleurs sont de grandes tailles, régulières hermaphrodites, gamopétales, avec présence de phloème interne (Botineau, 2010).

Famille : Solanaceae, plantes à feuilles alternes simples et sans stipules. Les fleurs gamopétales sont colorées souvent grandes et à nectar, l'ovaire est supère, les fruits sont des baies ou des capsules (Croquist, 1981).

Genre: *Lycopersicon*

Espèce: *Lycopersicon esculentum* Mill.

I.1.2.4 Ethnobotanique de *Lycopersicon esculentum* Mill.

La tomate est utilisée comme condiment avec le piment dans la réalisation de sauces. Sa proximité botanique avec la mandragore lui vaut d'être utilisée comme une plante médicinale. On lui soupçonne même des propriétés aphrodisiaques (Ranc, 2010). Certains auteurs commencent à s'interroger sur les qualités nutritionnelles qu'apporterait la tomate au corps. Les colons britanniques l'utilisent comme plante ornementale. Les fruits sont riches en minéraux, en vitamines, en acides aminés essentiels, en sucres ainsi qu'en fibres alimentaires. La tomate contient beaucoup de vitamines B et C, de fer et de phosphore (Naika *et al.*, 2005).

I.2 Composition chimique des litières

La composition chimique des litières est très mal connue sauf en ce qui concerne les éléments minéraux. Les fractions organiques sont trop compliquées et les méthodes d'analyse en partie conventionnelles et insuffisantes. À titre indicatif, on peut résumer comme suit la composition globale d'une litière fraîchement tombée, en ne considérant que les feuilles (Tableau 1).

Tableau 1: Composition approximative d'une litière fraîche de feuilles

Cendres	10 %
Substances hydrosolubles	15 – 25 %
Polysaccharides pariétaux (cellulose, hémicellulose, composés pectiques)	25 – 35 %
Lignine	5-10 %
Polymères bruns	35 %

Source: Mangenot (1980)

La composition d'une feuille morte varie de façon incessante. Avant même la chute des feuilles, celles-ci s'appauvrissent par transfert d'azote organique, de sucres, de polyphénols, etc. vers les organes pérennants de l'arbre. À la sénescence, les barrières de perméabilité cellulaire sont détruites: des substances solubles sont lessivées, d'autres réagissent entre elles pour donner naissance à des produits nouveaux. Le brunissement des feuilles résulte de la condensation oxydative de polyphénols entre eux et avec des constituants azotés pour former des hétéropolymères bruns ou noirs infiniment variés. Ils ont en commun un pouvoir réducteur élevé et une résistance plus ou moins forte à la biodégradation. Par contre, ils diffèrent dans leur structure et leur encombrement moléculaire: les plus petits sont solubles et lessivables, les plus gros s'accumulent dans les cavités cellulaires et tous continuent de se polymériser indéfiniment (Mangenot, 1980).

La majorité des constituants chimiques organiques des litières végétales sont des composés hydrosolubles. On y trouve des carbohydrates labiles dont certains sont en polymères tels que la cellulose (polysaccharide, carbohydrate le plus fréquent sur Terre) et l'hémicellulose (hétéropolymères constitué de monomères de xylose, mannose et galactose), mais aussi des polymères complexes plus récalcitrants à la décomposition, composés de cycles aromatiques: les lignines. La cellulose, l'hémicellulose et les lignines représentent respectivement 20-30, 30-40, et 15-40 % de la masse totale de litière, mais les valeurs de ces derniers varient selon des critères tels que le type de plante, l'âge et l'environnement (Williams et Gray 1974; Killham, 1994; Neher *et al.,* 2003).

I.3 Décomposition de litière

I.3.1 Définition et rôle

La litière végétale est l'ensemble des feuilles et les autres parties de la plante mortes et des débris végétaux en décomposition sur le sol. Elle abrite des communautés ou organismes décomposeurs qui la transforment peu à peu en humus. Elle a été définie par Toutain *et al.* (1987) comme ensemble des débris végétaux tombant au sol et s'accumulant dans les forêts. Elle se dégrade d'une manière différente selon la composition chimique initiale de ses constituants et les fluctuations des facteurs biotiques et abiotiques. Le rôle des litières ne se limite pas seulement à sa participation aux cycles biogéochimiques des nutriments (Versini, 2012), mais elle agit comme indicateur de productivité des écosystèmes, couche protectrice du sol en tamponnant les variations d'humidité (Ginter *et al.*, 1979) et de température du sol (Ponge *et al.*, 1993), et en limitant l'érosion (Coelho, 1987), les pertes des nutriments par drainage (Mo *et al.*, 2003) ou la compaction des sols (Geddes et Dunkerley, 1999).

I.3.2 Processus écosystémique

La décomposition de litière est un processus écosystémique fondamental parce qu'elle contrôle le cycle du carbone (Cadish et Giller, 1997; Prentice *et al.*, 2001), la disponibilité en nutriments pour la croissance des plantes ainsi que les organismes du sol (Bardgett, 2005). Les substances nutritives libérées au sol au cours de la décomposition de litières jouent un rôle important dans le développement et la croissance des plantes (Sebillotte, 1985). La productivité des plantes dépend par conséquent de leur recyclage. La composition en espèces affecte en retour le cycle des nutriments dans un écosystème par le prélèvement et l'utilisation des nutriments par les plantes; les interactions avec la rhizosphère et la qualité de production de litière (Hobbie, 1992; Eviner et Chapin, 2003). Dans les habitats où la croissance des plantes est limitée par la disponibilité des nutriments, les espèces à faibles taux de pertes de nutriments remplacent les espèces qui perdent rapidement les nutriments de leurs tissus (Berendse, 1994). Au niveau des écosystèmes, la résorption des nutriments par des feuilles sénescentes a des implications importantes dans le processus de décomposition des litières.

Les espèces qui résorbent des nutriments pendant leur senescence produisent des litières pauvres en nutriment qui se décomposent moins rapidement que les espèces qui ne résorbent pas les nutriments (Kazakou, 2006).

La décomposition de litière représente un processus important dans le cycle biogéochimique. Au cours de ce processus, les nutriments immobilisés dans la litière sont libérés au sol et mis à la disposition des plantes et des organismes du sol (Waring et Schlesinger, 1985). Le taux de dégradation ou de décomposition de litière est un facteur qui détermine en grande partie la fertilité des sols (Bossa *et al.*, 2005) et sa régulation joue un rôle important dans le fonctionnement des agroécosystèmes, notamment dans un sol pauvre comme ceux des savanes soudano-guinéenne (Ibrahima *et al.*, 2008).

I.3.3 Phases de décomposition

On peut subdiviser le processus de décomposition de litière en trois phases.

La première phase de la décomposition de litière correspond au lessivage, elle est rapide. Pendant cette phase, la litière libère les éléments solubles inorganiques tels que: Ca, K, Mg, et des composés organiques simples, comme des sucres solubles dans l'eau (Mangenot et Toutain 1980, Bernhard-Reversat *et al.*, 2003). Ce sont des composés énergétiques, nécessaires pour les décomposeurs qui vont ensuite décomposer les composés récalcitrants tels que la lignine (Berg et Wessen, 1984). Le lessivage du couvert végétal par les précipitations entraîne vers le sol des éléments fertilisants dont la masse est loin d'être négligeable. Ainsi, selon Lemée (1974) les précipitations apportent 9,8 kg ha^{-1} an^{-1} d'azote et le pluvio-lessivage multiplie ce chiffre par 1,5 dans un peuplement jeune et par 2 dans une vieille futaie. Pour le potassium, les valeurs sont de 4 et 15 kg ha^{-1} an^{-1} respectivement. À cela s'ajoutent des matières organiques (350 kg de sucres ha^{-1} an^{-1} dans une chênaie en Grande-Bretagne). On peut comparer l'eau d'égouttage à une solution nutritive diluée apportant à la litière, composée surtout de substances insolubles et pauvres en azote, des aliments facilement utilisables. Enfin, les pluvio-lessivats contiennent aussi des polymères bruns apparentés aux substances humiques (Bruckert *et al.*, 1971).

La deuxième phase est lente. Elle est caractérisée par la perte de carbone structurale des parois cellulaires et les composés comme la cellulose et hémicellulose. La fragmentation de litière par la faune du sol brise de larges morceaux de matières organiques en des plus petits fragments, ce qui fournit une source de nourriture aux animaux du sol et augmente les surfaces de contact pour la colonisation microbienne (Duchaufour, 1991; Kazakou, 2006).

La troisième phase est plus lente et correspond à la minéralisation des composés récalcitrants comme la lignine, les phénols et les produits secondaires liés aux composés minéraux pendant l'humification. L'altération chimique de la matière organique morte est une conséquence de l'activité des bactéries et des champignons (Duchaufour, 1991; Kazakou, 2006).

I.3.4 Facteurs contrôlant la décomposition

I.3.4.1 Facteurs abiotiques

I.3.4.1.1 Climat

De nombreux travaux ont mis en évidence l'influence du climat sur la décomposition des litières (Fogel et Cromack, 1977; Meentemeyer, 1978; Berg *et al.*, 1984). Le climat est généralement considéré comme étant le premier facteur intervenant dans la vitesse de décomposition des litières parce que l'humidité et la température du sol affectent fortement les principales réactions (physiques, chimiques et microbiologiques) qui contrôlent la décomposition de litière (Meentemeyer, 1978; Hobbie, 1992; Lavelle *et al.*, 1993; Aerts, 1997; Kazakou, 2006). Les décomposeurs sont plus actifs dans les conditions chaudes et humides, et moins actifs dans les climats très froids et très humides. Moore *et al.* (1999) ont montré que les précipitations moyennes annuelles et les températures moyennes annuelles expliquaient une part importante de la décomposition de litière des feuilles dans les écosystèmes canadiens. Cependant, une étude réalisée dans les Grandes Plaines américaines par Epstein *et al.*, (2002) a montré que dans ces milieux souvent limités en eau, les précipitations ont un effet supérieur aux températures moyennes ou à la texture du sol.

I.3.4.1.2 Sol

Le sol joue un rôle important dans la régulation de la vitesse de décomposition des litières. La décomposition de litière est plus rapide sur des sols neutres qu'acides. L'abondance des minéraux argileux réduira la vitesse de décomposition de litière à cause de sa grande capacité de rétention d'eau (Chapin *et al.*, 2000). Les espèces poussant dans un milieu pauvre en nutriments ont tendance à produire à leur tour des litières pauvres en nutriments. Elles se décomposeront plus lentement (Carreiro *et al.*, 1999).

I.3.4.1.3 Types de maille et de litterbags

La taille des litterbags (sacs à litière) influence également la vitesse de décomposition des litières. Au fur et à mesure que la taille des mailles (1 mm, 2 mm, 3 mm) augmente, la vitesse de décomposition augmente aussi. Les travaux de Mapongmetsem (2005) ont démontré que la décomposition des litières était plus rapide dans les sacs à litière de maille 2

mmx 2 mm comparés aux sacs à litière de maille 1mmx1mm. À 3 mm de diamètre de maille, littergag de grande taille, on note une contamination de la litière par les débris et une entrée de la faune dans les sacs.

I.3.4.2 Facteurs biotiques

I.3.4.2.1 Qualité de la litière

La composition chimique et physique, interviennent de façon très importante sur la vitesse de décomposition de litière des feuilles (Melillo *et al.*, 1982) et des racines (Silver et Miya, 2001). Plusieurs travaux effectués sur les litières méditerranéennes ont montré que la décomposition de litière est influencée par leurs caractéristiques physiques telles que la perméabilité, la masse surfacique, la dureté des litières (Gallardo et Merino, 1993; Gillon *et al.*, 1994). Pour un climat donné, la qualité des litières peut faire beaucoup varier leur taux de décomposition. Les principaux constituants chimiques des litières ne sont pas dégradés à la même vitesse et peuvent être regroupés en composés métaboliques labiles (sucres et acides aminés), composés structuraux modérément labiles (cellulose et hémicellulose) et en composés structuraux récalcitrants (lignines et composés secondaires) (Chapin *et al.,* 2000). Pour ces composés, les facteurs les plus importants sont la taille des molécules, leur configuration, la force de leurs liaisons, leur toxicité, la teneur et la disponibilité en nutriments, en particulier l'azote et le phosphore organique indispensables pour la croissance microbienne (Chapin *et al.,* 2000). Une litière riche en lignines contient une quantité importante de carbone résistant à la dégradation et, relativement, une plus petite proportion de composés labiles (Murphy *et al.*, 1998). En retour, une litière présentant une forte teneur initiale en composés labiles aura un taux de décomposition plus élevé. Les travaux de Mangenot et Toutain (1980) ont montré que la vitesse de décomposition des litières est fonction de leur teneur en calcium. Plus les litières sont riches en calcium, plus elles se décomposent vite. En général, la décomposition est plus rapide chez les espèces ayant une teneur élevée en cendres et en azote, et une teneur en lignine et un rapport C/N minimal. Elle est la plus lente chez les espèces relativement pauvres en cendres et en azote et qui montrent la teneur en lignine et le rapport C/N les plus élevés. Les espèces ayant une teneur moyenne en cendres, en azote et en lignine, et un rapport C/N moyen semblent avoir une vitesse de décomposition intermédiaire (Singh, 1969; Zouaoui *et al.*, 2010). L'importance des produits phénoliques dans l'élaboration des complexes du type polyphénols-protéines a été signalée par Selmi (1985).

I.3.4.2.2 Organismes du sol

Les microorganismes du sol contribuent largement dans la respiration des sols et sont responsables de plus de 80 % du CO_2 total rejeté par le sol. Le taux de décomposition de litière diminue lorsque l'activité biologique des sols baisse (Seastedt, 1984; Lavelle *et al.*, 1993).

Les champignons ont des aptitudes colonisatrices supérieures à celles des bactéries: un hyphe en s'allongeant peut exercer des effets mécaniques qu'un organisme unicellulaire est incapable. Combinés aux actions enzymatiques, ces effets mécaniques permettent aux champignons de perforer les parois cellulaires et d'être les premiers colonisateurs des débris végétaux frais. Ils ouvrent ainsi la voie aux bactéries. Grâce à leurs équipements enzymatiques puissants, ils dégradent les polymères pariétaux (cellulose, hémicellulose, lignine) en fournissant des fragments utilisables par les bactéries. Leurs mycéliums sont des substrats potentiels, susceptibles d'alimenter les bactéries si elles réussissent à y pénétrer. Les activités bactériennes et fongiques varient parallèlement.

Les bactéries sont les principaux agents de la nitrification, bien que la nitrification hétérotrophe, œuvre des champignons, moins efficace mais moins sensible aux facteurs du milieu, soit peut-être importante en sol forestier. Les bactéries comprennent les seuls fixateurs d'azote moléculaire (avec les algues bleues qui sont en réalité des bactéries), mais leur rôle dans le recyclage du carbone parait subordonné. Il existe des bactéries (en y incluant les actinomycètes) qui dégradent la cellulose, les composés pectiques, ou les polymères aromatiques (lignine, substances humiques). Néanmoins, la fragmentation de la matière organique, son enrichissement en azote au cours du transit digestif sont des facteurs accélérant l'intervention des décomposeurs (Mangenot, 1980).

Le nombre des lombricidés au m^2 est très variable avec des maxima de l'ordre de 100 à 160 en forêt feuillue (Lavelle *et al.*, 1993). Tous les vers de terre n'ont pas la même signification écologique. Leurs régimes alimentaires sont variés et leurs fonctions comme leur répartition diffèrent suivant les espèces. Il y a des lombricidés qui ne creusent pas de galeries et ne mêlent pas la matière organique et le sol. C'est le cas par exemple de deux espèces vivant dans le mor (*Dendrobaena octaedra* et *Bimastos eisenii*).

Quant aux autres animaux, on peut dire, en simplifiant, qu'ils fragmentent la matière organique, l'ingèrent, en utilisent une fraction et rejettent le reste sous forme de déjections.

Mais la diversité des régimes alimentaires est considérable: il y a les mangeurs de pollen, ceux qui digèrent les débris végétaux, ceux qui les absorbent mais se nourrissent seulement des microorganismes qu'ils renferment, ceux qui érodent les feuilles en supprimant la barrière cuticulaire, ceux qui piquent les hyphes et en sucent le contenu, ceux qui les broient. Il y a enfin ceux qui ingèrent du sol, en même temps que les débris organiques et qui assurent ainsi le mélange des deux fractions, un peu comme les vers de terre, mais avec une efficacité très inférieure. Ces comportements divers peuvent se rencontrer chez des représentants d'un même groupe. Il y a des collemboles, petits insectes sans ailes et sauteurs qui avalent de la terre, d'autres pas. Il y en a d'herbivores et d'autres sont mycophages. Il faut encore mentionner les enchytraeides, minuscules vers translucides qui rampent sur des feuilles (Lavelle *et al.*, 1993; Mangenot, 1980).

La faune est un facteur d'activité biologique, moins par ses actions chimiques directes que par son effet régulateur sur la microflore. Réciproquement, la microflore détermine la composition et l'activité de la faune en lui fournissant des aliments spécifiques, en éliminant des substances répulsives ou, au contraire en les produisant. Le fonctionnement des chaînes trophiques est ainsi sous la dépendance de régulations multiples faisant intervenir les caractéristiques du climat et du sol, la qualité des litières, les hasards de la dissémination des micro-organismes et les interactions de leurs constituants (Mangenot, 1980).

I.4 Cycle biogéochimiques et pollution

En écologie et plus généralement en Sciences de la Terre, un cycle biogéochimique est le processus de transport et de transformation cyclique d'un élément ou composé chimique entre les grands réservoirs que sont la géosphère, l'atmosphère, l'hydrosphère, dans lesquels se retrouve la biosphère. Un tel cycle induit souvent des passages de l'état organique à l'état minéral au sein de la biosphère (Bolin et Cook, 1983). Les divers cycles en interaction confèrent à la biosphère une capacité de régulation. Celle-ci est à la base de la pérennité des écosystèmes, grâce à la grande stabilité qu'elle assure, tout du moins en dehors des interventions humaines et phénomènes géoclimatiques exceptionnels.

I.4.1 Cycle de l'azote

L'azote est présent dans la nature sous deux états: l'état libre où il constitue 80 % de l'air que nous respirons et à l'état combiné, sous forme minérale (ammoniac, nitrate, etc) ou organique. Les réserves azotées du sol se trouvent à l'état organique sous forme d'humus qui contient environ 5% d'azote. Chaque année, sous climat tempéré, 1 à 2 % des réserves d'azote organique passent à l'état minéral disponible pour la plante: c'est la minéralisation qui intervient quand la température du sol est suffisamment élevée à partir du mois de mars (Mo *et al.*, 2003). Les légumineuses ont la faculté de fixer l'azote gazeux par leurs nodosités (fixation symbiotique). L'azote joue un rôle essentiel dans la synthèse de la matière vivante à partir de la matière minérale. Il est l'un des principaux constituants de la chlorophylle et des protéines. L'homme et les animaux ne peuvent absorber directement ni l'azote de l'air, ni l'azote minéral (Mazliak, 1974). Ce sont les végétaux qui leur fournissent sous forme organique l'azote dont ils ont besoin. La plus grande partie de l'azote, ingérée par la vache retourne au sol par ses déjections. La volatilisation de l'ammoniac dans l'air représente une perte d'azote allant de 10 à 90 % de l'azote minéral contenu dans les effluents d'élevage (fumiers, lisiers). La dénitrification constitue une autre source de perte d'azote dans l'atmosphère. Elle est provoquée par des microorganismes anaérobiques du sol, qui réduisent l'azote minéral en différents oxydes d'azote, et en azote gazeux. Le lessivage des nitrates constitue une source de perte d'azote vers les eaux souterraines. Il est provoqué par le drainage naturel quand le sol est saturé d'eau. L'azote entre, avec d'autres éléments (carbone, oxygène, hydrogène...), dans la composition des acides aminés formant les protéines. L'azote est un élément essentiel pour la constitution des cellules et la photosynthèse (chlorophylle). C'est le principal facteur de croissance des plantes et un facteur de qualité qui influe sur le taux de protéines des végétaux. Les besoins de la plante dépendent de l'espèce, de la variété et de l'objectif de rendement (Lairon *et al.,* 1985).

La teneur en azote et en phosphore des tissus est un indicateur de leur qualité de litière et influence la décomposition de celle-ci (Berg *et al.*, 1984). L'ensemble des réactions de transformation de l'azote par la microflore et de son devenir dans le système sol-plante-atmosphère forment le cycle de l'azote (Figure 6). L'azote des tissus végétaux est consommé par les animaux qui le transforment en protéines animales. Lorsque les animaux et les plantes morts sont dégradés par les microorganismes, l'azote organique est transformé en azote minéral utilisable par les plantes (Mazliak, 1974).

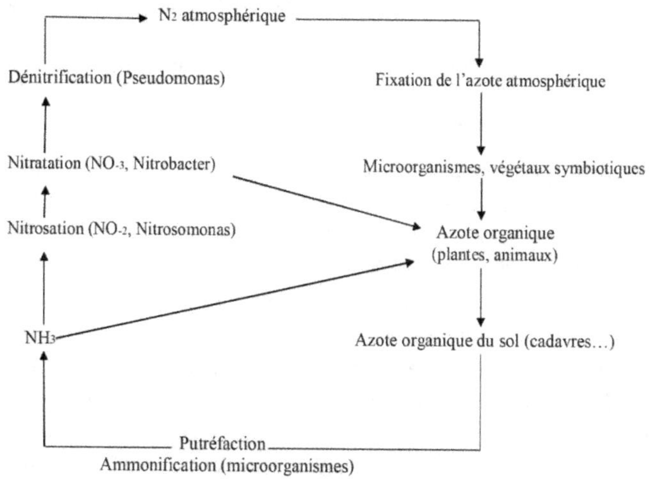

Source: Mazliak, 1974.

Figure 6: Cycle de l'azote montrant les transformations majeures dans le système sol plante atmosphère

Trois processus de base sont impliqués dans le recyclage de l'azote: la fixation de l'azote diatomique (N_2), l'ammonification, la nitrification et la dénitrification. La fixation de l'azote correspond à la conversion de l'azote atmosphérique(N_2) en azote utilisable par les plantes et les animaux. Elle se fait par certaines bactéries qui vivent dans les sols ou dans l'eau et qui réussissent à assimiler l'azote diatomique (N_2). Il s'agit en particulier des cyanobactéries et de certaines bactéries vivant en symbiose avec des plantes (entre autres, des légumineuses). La réaction nécessite un apport d'énergie de la photosynthèse (cyanobactéries et symbiotes de légumineuses). La nitrification transforme les produits de la fixation (NH_4^+, NH_3) en nitrites et nitrates (NO_2^- et NO_3^-); c'est une réaction d'oxydation qui se fait par catalyse enzymatique reliée à des bactéries dans les sols et dans l'eau. La dénitrification retourne l'azote à l'atmosphère sous sa forme moléculaire N_2, avec comme produits secondaires du CO_2 et de l'oxyde d'azote N_2O, un gaz à effet de serre qui contribue à détruire la couche d'ozone dans la stratosphère. Il s'agit d'une réaction de réduction de NO_3^- par l'intermédiaire de bactéries anaérobies transformant la matière organique (Berg *et al.*, 1984).

L'azote de la litière est essentiellement de l'azote organique, parcourant un cycle de transformations annuelles incessantes au cours desquelles il passe sous des formes plus ou moins facilement métabolisables (Mangenot, 1980).

I.4.2 Cycle du carbone

L'air respiré contient du dioxyde de carbone (CO_2) qui est l'un des gaz responsables du réchauffement climatique. Les arbres, comme la majorité des végétaux captent le CO_2 contenu dans l'air pour produire des feuilles, des racines ou du bois. Lors de la respiration, ils rejettent du CO_2 dans l'air, comme les animaux. Un jeune arbre utilise plus de CO_2 qu'un plus âgé. La décomposition des feuilles tombées au sol par de petits insectes, des champignons et autres, libère aussi du CO_2. Lorsqu'un arbre est coupé, du CO_2 est libéré par la décomposition des résidus laissés en forêt. Les produits provenant de la transformation du bois en usine contiennent beaucoup de carbone. Il retournera dans l'atmosphère sous forme de CO_2 lorsque le bois se décomposera ou qu'il sera brûlé. Le reboisement permet d'augmenter le nombre d'arbres qui captent du CO_2 et ainsi joue un rôle positif pour contrer le réchauffement climatique (Janel, 1978).

I.4.3 Rapport azote/carbone

Le rapport carbone/azote de la litière fraîche est élevé, de 30 à plus de 100. Au contraire, le rapport carbone/azote des micro-organismes est bas (6 à 16 chez *Aspergillus*, aux environs de 14 chez les bactéries). Ceci est en relation avec la composition de leurs parois et avec leur richesse en protéines enzymatiques (de l'ordre de 40 % de la matière sèche d'une bactérie). Le carbone est minéralisé peu à peu et l'azote réorganisé. Le rapport carbone/azote de la litière tend donc à s'abaisser au cours de la décomposition de celle-ci jusqu'à 15 ou 30 suivant les écosystèmes. À partir de ce moment, les deux éléments sont minéralisés simultanément, l'ammonification et, le cas échéant, la nitrification débutent (Janel, 1978). Une fraction toujours croissante de l'azote total appartient aux microorganismes, qui suivent un cycle incessant de biosynthèses et de lyses. Les litières riches en azote se décomposent plus vite que les autres parce que l'azote est souvent le facteur limitant de l'activité biologique. Il est donc normal qu'une litière pauvre en azote, sur un sol pauvre en réserves nutritives, provoque un ralentissement de la minéralisation et une accumulation d'humus brut (Mangenot, 1980).

I.4.4 Cycle du phosphore

Le phosphore joue un rôle essentiel dans de nombreuses molécules de la matière vivante. On le trouve à l'état de sels minéraux (les phosphates) dans les tissus végétaux et animaux ou associé à des combinaisons organiques multiples, tels les acides nucléiques, les protéines du noyau, les chloroplastes. Le phosphore est un élément génétique, énergétique et plastique de la matière vivante. Il joue un rôle physiologique à plusieurs niveaux (Parent et khiari, 2003). Il favorise la croissance de la plante, son action étant conjuguée à celle de l'azote, le développement des racines, la précocité, et la qualité des produits, la rigidité des tissus, la reproduction, la qualité des produits végétaux (Worthington, 2002). Une alimentation convenable en phosphore permet un développement harmonieux des plantes. L'étude de la dynamique du phosphore dans les systèmes sol-plante met en lumière les points suivants: le prélèvement du phosphore par les racines des plantes n'a lieu que sous forme d'ions orthophosphates et la concentration en phosphore de la solution du sol est seulement de l'ordre de 0, 2 mg de phosphore par litre. La plus grande partie du phosphore extrait du sol par les racines doit être libérée par différents compartiments de réserve du sol (UNIFA, 2005a). Le phosphore est un élément limitant dans plusieurs écosystèmes terrestres, du fait qu'il n'y a pas de réservoir atmosphérique de phosphore comme c'est le cas pour le carbone, l'oxygène et l'azote, et que sa disponibilité est directement liée à l'altération superficielle des roches. Il n'est pas clair si cette limitation est applicable à l'océan, mais la plupart des chercheurs considèrent qu'elle le serait sur une longue échelle de temps. L'activité humaine intervient dans le cycle du phosphore en exploitant des mines de phosphate, en grande partie pour la fabrication des fertilisants. Ajoutés aux sols en excès, les phosphates sont drainés vers les systèmes aquatiques. Puisque le phosphore est souvent un nutriment limitant dans les rivières, les lacs et les eaux marines côtières, une addition de phosphore dans ces systèmes peut agir comme fertilisant et générer des problèmes d'eutrophisation (forte productivité biologique résultant d'un excès de nutriments) (Lairon *et al.,* 1985).

I.4.5 Calcium

Le calcium intervient sur l'alimentation des plantes, mais il agit surtout sur les propriétés physiques du sol: stabilité structurale, dynamique de l'eau, … Il est exceptionnel que le sol n'assure pas une alimentation calcique convenable à la plante, car il contient toujours des quantités suffisantes pour assurer les besoins alimentaires des plantes, compris entre 25 et 100 kg par hectare. Le calcium est un élément essentiel pour la construction des parois cellulaires. Il contribue à une bonne conservation des fruits en particulier. En revanche, le maintien ou l'amélioration des propriétés physiques des sols est primordial pour que s'exprime le potentiel de productivité, en particulier lors de l'implantation des cultures. Dans les deux cas, le calcium nécessaire est apporté par les amendements minéraux basiques. Par ailleurs, la bonne efficacité des fumures minérales ne s'obtient que sur des terres ayant un Statut Acido Basique (SAB) satisfaisant. En général, l'apport de calcium est couplé avec l'apport de bases qui permettent de maintenir le SAB (pH, acidité) dans un état optimal selon le type de sol ou de culture. Le besoin en bases, pour passer d'un état à un autre, est déterminé partir des mesures du pH et/ou du taux de saturation de la capacité d'échange cationique (CEC) réalisées en laboratoire. Une terre en état de bonne productivité doit avoir un pH compris entre 6 et 7 selon les systèmes de cultures et les types de sol. Pour éviter le blocage d'oligoéléments qui sont, pour la plupart, moins assimilables par les plantes en milieu alcalin, il est préférable de faire des apports modérés d'amendements basiques, mais répétés tous les 3 5 ans. Des chaulages d'entretien doivent ensuite maintenir le SAB à un niveau optimal (UNIFA, 2005b).

I.4.6 Magnésium

Le magnésium se trouve présent surtout dans les feuilles comme composant de la chlorophylle. Il active également de nombreuses enzymes du métabolisme des protéines et des glucides. Il favorise le transfert des assimilas vers les organes de réserve et celui du phosphore vers les graines. Les prélèvements par des récoltes plus importantes et par le lessivage, font perdre chaque année au sol de 40 à 60 kg de magnésie (MgO) par hectare. La betterave, la luzerne, le maïs, le tournesol et le sorgho sont les plantes annuelles les plus sensibles au manque de magnésium. Sur les vignes et les vergers, l'équilibre des fertilisations potassiques et magnésiennes est nécessaire pour exprimer le potentiel de la plante et préserver sa qualité. Dans les sols acides à pH inférieur à 7, le magnésium peut être apporté par les amendements minéraux basiques sous forme de carbonate ou de chaux magnésienne. Destinés à maintenir ou à élever le pH du sol et à améliorer sa structure, ces amendements apportent aussi du magnésium susceptible de compenser les exportations de cet élément à long terme. Dans les sols qui ne nécessitent pas d'amendements basiques, l'apport de magnésium peut s'envisager sous différentes formes: oxyde, oxysulfure ou sulfate de magnésium dans l'ordre croissant des solubilités. Elles peuvent être apportées sous forme d'engrais simples magnésiens, comme dans la kiesérite, sulfate de magnésium d'origine (UNIFA, 2005a).

I.4.7 Cellulose

La cellulose est le constituant structural des plantes. Elle fournit la contribution majeure de la résistance mécanique des végétaux (Newman *et al.*, 1994). Elle est le constituant majoritaire des parois cellulaires où elle assure le soutien des organismes végétaux, avec une teneur variant de 30 % à 50 % (Huang *et al.*, 2004). La cellulose peut aussi être présente dans le squelette de certains animaux marins ou bien obtenue à partir de bactérie ou d'algues (Myllarinen *et al.*, 2002). La cellulose avec ses trois fonctions hydroxyles par unité glucopyranose est sensible à l'eau, dégradable et d'une grande réactivité chimique (Privas, 2013).

I.4.8 Lignine

La lignine est le second biopolymère organique majoritaire chez les plantes après la cellulose. Ce polymère amorphe tridimensionnel chasse l'eau contenue dans la paroi cellulaire pendant sa formation. Il rend les parois cellulaires hydrophobes et augmente leur rigidité. Certains végétaux peuvent ainsi mesurer plusieurs mètres sans plier sous leur propre poids. La lignine influence les propriétés rhéologiques des tissus végétaux (Iiyama *et al.,* 1994). La lignine est un polymère amorphe tridimensionnel de nature phénolique. Elle présente une grande variabilité structurale suivant l'origine botanique, c'est pourquoi on parle plus généralement des lignines que de la lignine. Les lignines sont issues de la polymérisation radicalaire de trois alcools phenylpropanoide (Privas, 2013). Elle est présente principalement dans les plantes vasculaires (plantes qui possèdent un tissu vasculaire pour transporter l'eau et les éléments nutritifs depuis les racines jusqu'aux feuilles) et dans quelques algues. Sa composition varie avec l'espèce végétale. La lignine est le terme générique d'un vaste groupe de polymères aromatiques. Elle constitue le seul groupe de polymères biosynthétisés à squelette aromatique. Ces polymères sont déposés principalement dans les parois secondaires des cellules, les rendant rigides et imperméables. La lignine, qui protège les polysaccharides de la paroi cellulaire de la dégradation microbienne en leur conférant une résistance à la pourriture (Wertz, 2010). Elle est extrêmement résistante et considérée comme récalcitrante (Von Lutzow *et al.,* 2006). En formant des liaisons à la fois avec la cellulose et les hémicelluloses, elle crée une barrière à toutes les solutions ou enzymes, et empêche la pénétration des enzymes lignocellulosiques au sein de la structure lignocellulosique. Bien que la lignine résiste à l'attaque de la plupart des microorganismes, certains champignons basidiomycètes de la pourriture blanche sont capables de dégrader la lignine efficacement (Dashtban *et al.*,

2010). Les tissus vasculaires des végétaux sont plus résistants à leur décomposition dans les sols que les fibres à cause de la nature et de leur teneur en lignine (Bertand *et al.*, 2005). Au fur et à mesure que les litières se décomposent, la concentration en lignine augmente, ralentissant ainsi la décomposition de litière (Melillo *et al.,* 1982). Il existe une relation inversement proportionnelle entre la teneur en lignines de la litière et son taux de décomposition (Tardif, 2014).

I.5 Changements climatiques

Le climat influe beaucoup sur les conditions de vie comme sur les milieux naturels: les êtres vivants se répartissent en fonction du climat. Les gaz à effet de serre ont un rôle important dans la régulation du climat. La température moyenne sur terre serait de -18 °C au lieu de +15 °C actuellement et la vie serait impossible. Toutefois, depuis le XIXe siècle, l'homme a considérablement accru la quantité de gaz à effet de serre présent dans l'atmosphère. Entre 1970 et 2004, les émissions globales de gaz à effet de serre ont augmenté de 70 %. En conséquence, l'équilibre climatique est déstabilisé et le climat se réajuste à un effet de serre accru (Anonyme, 2007; Bergonzini, 2004; UNEP, 2003).

L'accroissement de la concentration de gaz à effet de serre, dont certains sont très efficaces en petite quantité, retient dans l'atmosphère davantage des rayonnements infrarouges. Ce surplus artificiel d'effet de serre provoque un réchauffement du climat. Les gaz dits à effet de serre, émis par les activités humaines, intensifient ce phénomène depuis deux siècles. Au premier rang de ces gaz figure le dioxyde de carbone dont le niveau actuel dépasse les 380 ppm, contre 260 à l'époque préindustrielle, et qui devrait atteindre 450 à 1 000 ppm à la fin du XXIe siècle, suivant l'évolution des politiques énergétiques (Grain, 2007). C'est l'observation, au début des années 1970, d'une augmentation notable de la concentration de certains de ces gaz à effet de serre (GES), en lien évident avec l'activité anthropique, qui a conduit à envisager l'éventualité d'un changement climatique induit par le renforcement de cet effet de serre. Une grande partie de l'attention pour les agrocarburants s'est focalisée sur l'annonce de George Bush qu'il allait transformer les Etats-Unis en une nation cultivant les agrocarburants et ainsi la protéger de trop de dépendance vis à vis des importations de pétrole de pays peu fiables (Grain, 2007). Parmi ces biocarburants, substituts potentiels de sources énergétiques fossiles, il y a les ricins, le Jatropha, le soja, la canne à sucre, le colza, le palmier et le maïs hybride (Jongschaap *et al.*, 2007; Grain, 2007; Alfons, 2007).

Le protocole de Kyoto, conclu en 1997 et entré en vigueur depuis le 16 février 2005, impose aux pays industrialisés la réduction de leurs émissions de gaz à effet de serre de 5 % en moyenne entre 2008 et 2012 par rapport aux niveaux de 1990, en mettant en place des mesures efficaces et appropriées. Ce régime multilatéral doit aller plus loin que 2012: à la lumière des scientifiques, il faut diviser par 2, et donc par 4 pour les pays industrialisés, les émissions d'ici 2050 afin de limiter le réchauffement moyen de la terre en deçà de 2 °C. Malheureusement, les Etats Unies, les plus grands pollueurs ont refusé la ratification du protocole. Des négociations sur le régime post 2012 sont en cours. Pour la plupart des pays industrialisés, le protocole de Kyoto constitue le socle d'un système post 2012 et il conviendra de maintenir les acquis du protocole, en particulier l'innovation clef du protocole de Kyoto est l'instauration d'un prix de carbone. Les pays émergents et autres pays en développement doivent participer à la division mondiale de moitié des émissions de gaz à effet de serre (Imène, 2009).

Les effets du changement climatique entraîneront divers bouleversements. Le changement climatique peut être une source de dangers du fait d'une modification des milieux directement (eau, air, sol) ou indirectement par des inondations et/ou pollutions (sols, sédiments). Ceux-ci pourront être une source de dégradation potentielle plus ou moins forte de la qualité de l'eau destinée à la consommation humaine et aux loisirs, des aliments, de la qualité de l'air (ozone, particules en suspension, pollens,...), des conditions de vie (température, pluviométrie, ultraviolets,...) et de la qualité de l'habitat (UNEP, 1991 et 2003). La première des conséquences néfastes est celle liée à l'augmentation du nombre ou de l'intensité des phénomènes extrêmes (canicule, inondations, ouragans notamment), laquelle s'accompagne de nombreux décès prématurés. L'élévation du niveau des mers fera disparaître des espaces où vivent de nombreuses espèces et un élargissement de la salinisation des nappes d'eau souterraines et des sols (Anonyme, 2007). Des surinvestissements en infrastructure et en réparation viendront affecter les budgets publics et privés. Une diminution de la durée d'enneigement et la multiplication des vagues de chaleur affecteront les économies locales axées sur le tourisme. Des changements sont à prévoir également dans les secteurs agricoles et sylvicoles. Les régions touchées actuellement par la sécheresse le seront encore plus. Cela aura un impact sur l'alimentation en eau destinée à la consommation humaine tant en terme quantitative que qualitative de l'eau distribuée. Concernant la qualité des aliments, le risque probable est d'avoir une contamination microbiologique accrue (en particulier bactérienne et fongique) des produits alimentaires d'origine animale ou végétale (Seguin, 2007). Les impacts sanitaires seront probables, tout particulièrement dans les zones géographiques où l'on sera en présence ou à proximité de présence d'eau (eau de mer ou eau douce). Concernant les micro-organismes pathogènes, les bactéries *Vibrio* spp. et *Aeromonas* spp. peuvent se développer à la faveur d'une augmentation de 1 à 2 °C de l'eau de mer, et ainsi augmenter le potentiel de transmission à l'homme. Par ailleurs, la douceur du climat pourrait favoriser le développement de vecteurs de maladies. L'exemple de la propagation du virus West Nile est particulièrement probant. Les vecteurs de cet arbovirus sont des insectes (principalement des moustiques) et son réservoir habituel est constitué de différentes espèces d'oiseaux. Une variation des températures et des régimes de précipitations entraîne la modification des aires de répartition des maladies transmises par des insectes, des tiques, et des réservoirs (UNEP, 2003; Anonyme, 2008).

I.6 Biocarburants

Les hydrocarbures fossiles sont les sources d'énergie primaire les plus importantes. Le bois est surtout utilisé dans les pays sous-développés pour la préparation de la nourriture, soit directement, soit sous forme de charbon de bois. La mesure du danger que constitue l'émission des gaz à effet de serre par les énergies fossiles en particulier les produits pétroliers a amené les pouvoirs publics, les institutions nationales et internationales, les organismes non gouvernementaux à repenser leur politique en matière d'énergie. Ces gaz sont à l'origine de graves perturbations environnementales conduisant aux changements climatiques observés de plus en plus et qui hypothèquent l'équilibre écologique dans les différentes régions du monde (Berchmans et Hirata, 2008; Gbosségnon, 2007). Le développement des biocarburants intéresse la plupart des pays du monde. Les différents programmes de développement de ces carburants sont à leur début ou en cours d'élaboration. Un partenariat secteur public-secteur privé commence à se développer dans plusieurs pays et l'implication d'un organisme de coopération sous régionale permet d'espérer un développement harmonieux d'un secteur qui présente des intérêts très importants pour le développement socioéconomique et la protection de l'environnement (Gbosségnon, 2007). Les biocarburants permettent de réduire de manière non négligeable les GES, ce qui était l'un des buts de leur introduction en quantité importante dans les circuits énergétiques mondiaux, mais il est très difficile de quantifier précisément cette réduction qui dépend à la fois des filières considérées et des études mises en œuvre (Ballerini, 2006).

La promotion de l'énergie renouvelable dans les transports est devenue une préoccupation majeure. Etant donné que les produits énergétiques les plus fréquemment utilisés dans ce secteur sont le diesel et l'essence, les efforts faits visent à les remplacer par des biocarburants comme le biodiesel et la bio-essence. Les biodiesels constituent une alternative écologique au diesel, car ils sont beaucoup moins polluants et présentent l'avantage de pouvoir être produits à partir de plusieurs sources d'énergie renouvelable, la principale matière première utilisée étant les huiles végétales. Le biodiesel peut remplacer le gazole totalement ou partiellement (Alfons, 2007; Rugina, 2011). Cependant, il est important de cibler des cultures qui contribuent à protéger l'environnement et qui n'hypothèquent pas la sécurité alimentaire dans ces pays dont certains sont caractérisés par une production alimentaire insuffisante. À cet effet, le pourghère (*Jatropha curcas*), le ricin et la pomme d'anacarde apparaissent comme les cultures les plus prometteuses pour la production de biodiesel ou de bioéthanol. La plupart des pays de la sous-région ouest-africaine ont élaboré ou sont en train d'élaborer des politiques et stratégies nationales en matière de biocarburants (Berchmans et Hirata, 2008).

On distingue trois types de biocarburants:

Les biocarburants de première génération reposant sur l'utilisation des organes de réserve des cultures: les graines des céréales (blé, maïs) ou des oléagineux (colza, tournesol, *Jatropha*), les racines de la betterave ou la canne à sucre, les fruits du palmier à huile. La plupart de ces organes de réserves étant également utilisés pour l'alimentation humaine, la production de biocarburants se fait en concurrence avec la production alimentaire.

Les biocarburants de seconde génération n'utilisent plus les organes de réserve des plantes, mais les plantes entières ou des déchets de végétaux. Ce qui est valorisé est la lignine et la cellulose des plantes qui sont contenues dans toutes les cellules végétales. Il est alors possible de valoriser les pailles, les tiges, les feuilles, les déchets verts (taille des arbres, etc.) ou même des plantes à croissance rapide. Pour cette raison, certains considèrent que la production de biocarburants de deuxième génération nuit moins aux productions à visée alimentaire (IBGE, 2009).

Les biocarburants de la troisième génération quant à eux utilisent de microalgues appelées "Algocarburant". C'est probablement à partir des cultures de microalgues, d'un point de vue théorique 30 à 100 fois plus efficaces que les oléagineux terrestres, que des agrocarburants pourront être produits avec les meilleurs rendements, rendant ainsi envisageable une production de masse, sans déforestation massive, ni concurrence avec les cultures alimentaires (Ballerini, 2006; IBGE, 2009).

I.7 Produits forestiers non ligneux

La forêt est un milieu d'une grande richesse où se trouve une multitude de produits qui peuvent être classés en deux catégories. La présence en grande quantité de lignine, un des composants principaux du bois des arbres, permet ainsi de différencier les produits forestiers
ligneux (PFL), faits de bois, des produits forestiers non ligneux (PFNL) qui ne contiennent pas ou peu de lignines. Le bois de chauffage, le bois d'œuvre, le papier et les produits issus du bois de la deuxième transformation (meubles, charpentes de construction) sont classés dans la catégorie des produits forestiers ligneux. Les autres parties des arbres (l'écorce, les racines, les fruits, les feuilles, etc.), les plantes forestières récoltées pour leurs vertus alimentaires ou pharmaceutiques, les champignons, les animaux récoltés (ex: escargots) ou chassés pour leur fourrure, pour leur viande, etc. sont considérés comme produit forestier non ligneux. L'Organisation des Nations Unies pour l'alimentation et l'agriculture (FAO, 2003) définit les produits forestiers non ligneux (PFNL) comme des biens d'origine biologique, autre que le bois, provenant des forêts, d'autres terrains boisés ou d'arbres hors forêt et destinés à l'alimentation humaine, l'alimentation animale, à la transformation agroalimentaire et à la commercialisation. Ils peuvent être récoltés dans la nature ou produits dans des plantations forestières ou des périmètres d'agroforesterie, ou par des arbres hors forêt. Les forêts tropicales d'Afrique Centrale couvrent près de 235 millions d'hectares et regorgent, outre le bois d'œuvre, de grandes potentialités en matière de produits forestiers non ligneux (PFNL) pour le bien-être des populations de la sous- région (FAO, 2002). Les PFNL sont d'une grande importance pour la population au niveau de subsistance et également comme source de revenu et d'emploi, servant environ 80 % de la population des sources de nourritures, des plantes médicinales et ornementales, de l'énergie, des matériaux de construction, des équipements de pêche, des biens et des ustensiles divers (Mapongmetsem *et al.*, 2008; Noumi et Anguessin, 2010; Anguessin, 2015). À l'heure actuelle, plus de 150 PFNL font l'objet de commerce dans les différents marchés de l'Afrique Centrale (FAO, 2001). Les plus importants de ces produits sont le poisson, le miel, la gomme arabique, le rotin, les noix, les champignons, les chenilles, les feuilles de *Gnetum* sp., les fruits de *Piper guineensis,* les résines, les huiles essentielles, certaines parties des végétaux ou des animaux entrant dans la fabrication de produits pharmaceutiques, etc. Ces produits jouent un rôle

significatif dans l'existence des communautés locales car, ils leur fournissent non seulement de la nourriture mais aussi des revenus (FAO, 2003; Clark et Sunderland, 2004; Mapongmetsem *et al.*, 2008). Dans les hautes savanes guinéennes du Cameroun, *L. lanceolata*, *V. doniana* et *X. americana* fournissent des fruits, légumes et médicaments aux populations (Mapongmetsem *et al.*, 2008, Fawa *et al.*, 2015). Dans la région du Nord Cameroun, les *Jatropha* qui sont intégrés dans des systèmes agroforestiers (Anguessin, 2010) fournissent des fruits produisant des biocarburants (Alfons, 2007).

Les produits forestiers non ligneux ont la particularité d'être le fruit d'actions biologiques complexes, optimales et valorisées dans des conditions d'équilibre de l'écosystème proches du "climax", ou très peu perturbées. Par conséquent, la qualité et la quantité des produits forestiers non ligneux dépendent de l'équilibre de l'écosystème forestier (Baldini, 1993).

CHAPITRE II: MATÉRIEL ET MÉTHODES

CHAPITRE II: MATÉRIEL ET MÉTHODES

II.1 Description des zones d'étude

La zone d'étude se situe dans la partie septentrionale du Cameroun qui comprend trois des dix régions du Cameroun. Il s'agit de l'Adamaoua, du Nord et de l'Extrême-Nord. Ces régions correspondent respectivement aux hautes savanes guinéennes, aux zones soudanienne et sahélienne. Elles diffèrent par leurs caractéristiques climatiques, démographiques et leurs formations végétales. Le Nord-Cameroun est une zone tropicale ayant un climat qui présente un gradient climatique du Sud au Nord en passant du type soudano-guinéen puis soudanien et enfin soudano-sahélien (Aubreville, 1949). Le relief est une organisation topo-séquentielle dominée par les plateaux cuirassés et des vallées très peu digitées. On rencontre une diversité de sols: les cuirasses (lithosols) qui sont des affleurements de roches recouverts de sable et des sols ferralitiques sablonneux des vallées (Braband et Gavaud, 1985).

II.1.1 Zone soudano-sahélienne

La zone soudano-sahélienne s'étend au-delà du dixième degré de latitude Nord (INS, 2015). Cette zone se caractérise par une saison sèche de sept mois et des précipitations peu abondantes, des écosystèmes fragiles, une forte densité des populations et une forte pression foncière. Elle est soumise aux effets néfastes de la sécheresse, exacerbée notamment par la déforestation et l'érosion des sols (Youssaou, 2011). Pendant la saison pluvieuse, la végétation est verte et les animaux sauvages tels que le lion, l'éléphant et la panthère peuvent être aperçus dans les parcs. Sur les Monts Mandara, le relief et l'altitude accroissent la quantité et la fréquence des pluies. Ainsi, une végétation épineuse s'installe progressivement du sud vers le nord, à l'exception de la vallée inondable du Logone qui porte une végétation de prairies. On rencontre des sols ferrugineux tropicaux, les vertisols riches en argiles, les planosols plus ou moins hallomorphes, des arénosols et les sols ferralitiques. Les sols ferrugineux et ferralitiques résultant de l'intense lessivage qui affectent cette zone. Les sols ferrugineux tropicaux sont principalement utilisés pour les cultures de coton et des céréales (sorgho, maïs, mil, riz). Ces sols sont réputés fragiles, avec un faible niveau de fertilité dû à leur texture très sableuse. La végétation est caractérisée par la savane arborée, herbeuse et une steppe à épineux (Brabant et Gavaud, 1985).

II.1.2 Zone soudanienne

La zone soudanienne s'étend du septième au dixième degré de latitude Nord. La saison sèche dure ici cinq à six mois. La température moyenne est de 22 °C et la précipitation annuelle de 1000 mm (INS, 2015). Cette région appartient au bassin de la Bénoué, affluent du Niger. Ce dernier forme de nombreux méandres et est navigable pendant la période des hautes eaux du Nigeria jusqu'à Garoua. Elle prend sa source dans l'Adamaoua. Ses principaux affluents sont le Mayo-Kébi et le Mayo Tiel-Tsikari. Elle est épaulée au nord par les Monts Mandara qui bordent une vaste cuvette dont le rebord méridional est constitué par le plateau de l'Adamaoua à 200 km au sud. Le climat en général de la région du Nord est de type soudanien (Suchel, 1971). La saison sèche et la saison des pluies sont presque d'égale durée et les précipitations annuelles sont d'environ 1000 mm. L'humidité relative approche 80 % en saison de pluies et descend vers 40 % en saison sèche. L'évaporation mesurée est de 2380 mm par an. L'insolation est de 2776 heures par an avec un minimum en septembre et en avril. Au sud de Garoua, une savane boisée aux forêts claires recouvre le sol, mais au nord, elle fait place à une steppe très riche en épineux rabougris et pauvre en espèces feuillues (Le Bourgeois, 1992). Les types de sols rencontrés sont: les sols sédimentaires et les sols alluviaux (Donfack et Seignobos, 1996).

II.1.3 Zone soudano-guinéenne

La zone soudano-guinéenne du Cameroun correspond aux hauts plateaux de l'Adamaoua. Ce territoire s'étire sur environ 400 km entre le Nigeria et la République centrafricaine et culmine à 2460 m au-dessus du Tchabbal Mbabbo. Les hauteurs de précipitations y sont supérieures ou égales à 1 400 mm. La saison pluvieuse s'étend sur 7 à 8 mois de mars à octobre ou novembre selon les années (Rippstein, 1985). Son socle est constitué essentiellement de roches éruptives et cristallophylliennes. Les sols qui se développent sur ce substratum granitique et volcanique sont essentiellement ferrallitiques (Laplante et Bachelier, 1954; Humbel, 1966; Boutrais, 1995. La végétation est une savane soudano-guinéenne arbustive ou arborée à *Daniellia oliveri* et *Lophira lanceolata* (Hurault, 1975). Ces Hautes Terres sont occupées par les agriculteurs Mboum, Dii ou Dourou, G'baya, Tchamba, Kaka, Koutine ou Péré, Tikar, Konja, Mambila et Nyem-Nyem, et les éleveurs Foulbés et Mbororo. C'est le domaine par excellence de l'élevage des bovins (Douffissa, 1988). Les formations naturelles sont fortement influencées par les actions anthropiques, notamment la coupe de bois de chauffage et de service. Il y est également relevé des conflits agro-pastoraux liés à la diminution de l'espace pastoral, la dégradation des sols qui entraîne une baisse de la fertilité, la raréfaction des ressources halieutiques ajoutée aux pratiques non commodes de pêche, la diminution de la biodiversité, la variabilité climatique et la perturbation des régimes hydriques (Youssaou, 2011).

II.2 Sites expérimentaux

Les expérimentations ont été conduites *ex-situ*, en laboratoire et *in situ* sur quatre stations d'étude: Maroua, Guider, Ngong et Ngaoundéré (Figure 7). La station de Maroua est située dans la zone soudano-sahélienne, celles de Guider et Ngong dans la zone soudanienne et celle de Ngaoundéré dans la zone soudano-guinéenne. L'expérience de lessivage de litière a été réalisée en laboratoire. La décomposition de litière sur les stations de Maroua, Ngong et Ngaoundéré, situées le long d'un gradient climatique, Nord-Est et Sud-Ouest. Celles de la production de litière et de l'impact des litières sur la croissance et le rendement de la culture ont été réalisées sur la station de Guider.

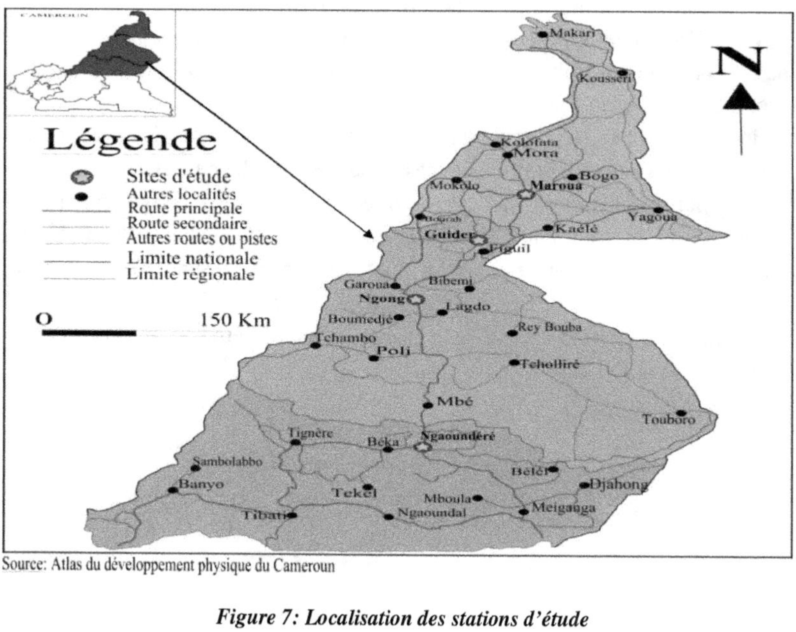

Source: Atlas du développement physique du Cameroun

Figure 7: Localisation des stations d'étude

Les coordonnées géographiques des stations de Ngaoundéré, Ngong, Guider et Maroua sont présentées dans le tableau 2.

Tableau 2: Coordonnées géographiques des stations d'étude

	Ngaoundéré	Ngong	Guider	Maroua
Altitude(m)	1128	418	346	406
Latitude	7°19′39″	34° 45' 00"	9°55′59″	10°35′27″
Longitude	13°35′04″	10° 59' 00"	13°56′48″	14°18′57″

II.2.1 Station de Maroua

La station de Maroua localisée dans la région de l'Extrême-nord qui a une population estimée à 3,4 millions d'habitant en 2007. C'est également la région où la pauvreté est la plus marquée avec 30 % des pauvres. Le brassage des populations est important et l'on peut rencontrer dans certains milieux, des paysans Kirdi, des commerçants Kanouri, des éleveurs Peuls, des arabes Chaos et des pêcheurs Kotoko. La plaine de Maroua, d'une absolue platitude, se prolonge vers le lac Tchad. Elle est parsemée de quelques collines granitiques et inondée pendant la courte saison des pluies à cause de deux fleuves: le Logone et le Chari. À l'Ouest, le massif des monts Mandara domine la plaine du Diamaré. Les monts Mandara forment un étrange paysage lunaire fait d'énormes blocs granitiques. Le climat du type soudano-sahélien est favorable aux cultures de coton et des céréales. La saison sèche se situe d'octobre à mai et la saison des pluies de juin à septembre (Figure 8). En fonction de la saison, le paysage est caractérisé par les savanes arborée, herbeuse et une steppe à épineux (Letouzey, 1968).

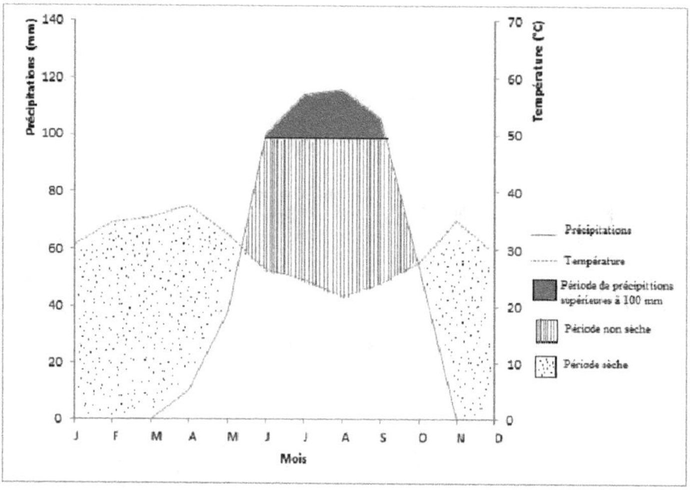

Figure 8: Diagramme ombro-thermique de la station de Maroua. Échelle réduite au 1/10 dès 100 mm, selon la méthode de Walter & Lieth 1964.

II.2.2 Station de Guider

La station de Guider est située dans la région du Nord-Cameroun, Département du Mayo-Louti. La température moyenne varie de 25 à 28 °C et les variations d'humidité relative sont élevées (25 à 80 %). La pluie tombe de mars à octobre avec le maximum en septembre. Ecologiquement la région connait une saison sèche et une saison de pluie (Figure 9). Elle présente un climat favorable aux cultures de coton, de céréales et de l'arachide. Les bas-fonds et les berges des cours d'eau sont en plus exploités pour la riziculture, la culture d'oignons et de sorgho. Sur le plan géologique, Guider est localisé sur un bassin crétacé, parsemé d'inselbergs et dominé par des massifs gréseux, granitiques ou volcaniques. Il est dominé par des sols minéraux bruts lithosoliques et les sols peu évolués d'érosion lithiques. Le relief de cette zone en particulier a ses inselbergs qui prennent souvent l'aspect d'amoncellements rocheux chaotiques et que surplombent de temps en temps quelques formes étranges ou acrobasaltiques (Collard, 1977). Les principales formations végétales sont (Letouzey, 1968): la formation grégaire à *Isoberlinia doka* et *Isoberlinia tomentosa*, la formation à *Boswellia odorata*, *Sclerocarya birrea* et *Prosopis africana*, les formations à *Combretum*, *Terminalia*, et *Anogeissus leiocarpus*. Les principales activités des populations de la région sont l'agriculture, le commerce et l'élevage.

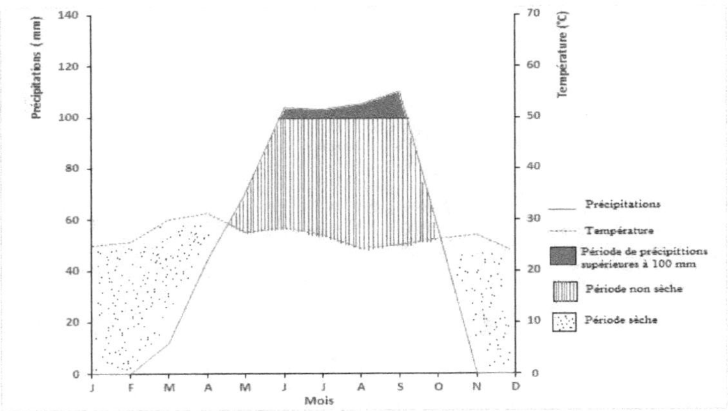

Figure 9: Diagramme ombro-thermique de la station de Guider. Échelle réduite au 1/10 dès 100 mm, selon la méthode de Walter & Lieth 1964.

II.2.3 Station de Ngong

Ngong est localisé dans la région du Nord-Cameroun se présente sous la forme d'une vaste plaine, bordée par le fleuve Bénoué et ses affluents. Elle présente quelques massifs montagneux dans les stations de Baroumé, Ouro Souka, Kéïni, Hosséré kilbou et Laïndé Massa. Certains de ces massifs présentent des pics pittoresques et touristiques, à l'instar du Mont Fandou à Baroumé (Anonyme, 2014). Le climat est du type soudanien (Figure 10). La végétation rencontrée à Ngong est une savane soudanienne arbustive. On recense les espèces ligneuses suivantes: *Isoberlinia doka, Eucalyptus camaldulensis, Borassus aethiopium, Isoberlina tomatosa, Anogeissus leiocarpus, Khaya senegalensis, Afzelia africana, Daniellia oliveri, Terminalia macroptera, Terminalia laxiflora* et *Acacia* spp.. Le tapis herbacé est composé des espèces de *Hyparrhenia* spp., des *Andropogons spp., Vetiveria nigrivana, Echinochla pyramidalis. Pennisetum purpurum* et *Schizachirum sanguineum.* Les activités économiques font référence à l'agriculture, l'élevage, la pêche, l'artisanat, le transport et le petit commerce. L'agriculture constitue l'activité principale de cette population.

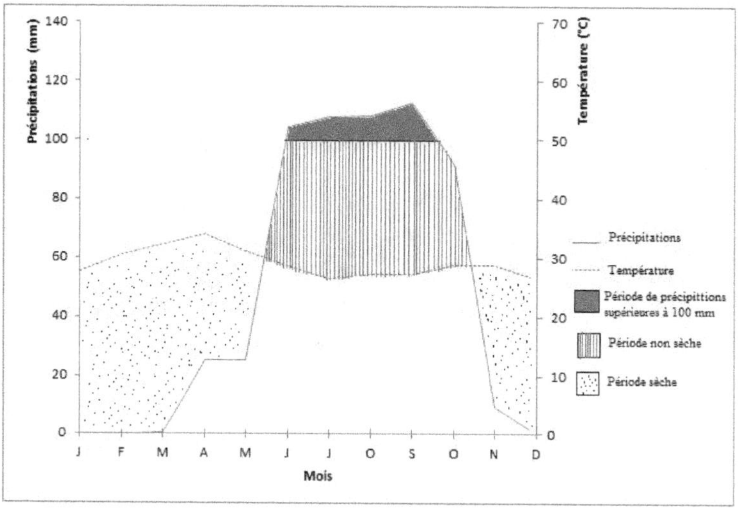

Figure 10: Diagramme ombro-thermique de la station de Ngong. Échelle réduite au 1/10 dès 100 mm, selon la méthode de Walter & Lieth 1964.

II.2.4 Station de Ngaoundéré

La station de Ngaoundéré est située dans la région de l'Adamaoua qui est un vaste ensemble le des plateaux situé entre le 6-8e degrés de latitude Nord et entre 10-16e degrés de longitude Est, et ayant des altitudes comprises entre 900 et 1600 m (Monnier, 1959). Le relief de cette station est très tourmenté de nombreuses rivières creusées de profonds talwegs avec des larges vallées. Ngaoundéré est caractérisé par une grande représentativité de roches granitiques, volcaniques, métamorphiques et sédimentaires (Humbel, 1971). Le climat est de type soudano-guinéen (Figure 11). La précipitation moyenne annuelle est de 1500 mm et la moyenne de température oscille autour de 23 °C pour l'ensemble du plateau. L'humidité relative est comprise entre 39 et 83 % (Collard, 1977). La végétation du plateau de l'Adamaoua est formée de prairies, de savanes arbustives et arborées. À l'origine, cette savane se caractérise par la présence de *Daniellia oliveri* et *Lophira lanceolata* (Letouzey, 1968). L'agriculture et l'élevage entretiennent de rapports de complémentarité et de concurrence au niveau de production à l'échelle de l'espace régionale. Mais toutefois l'élevage reste l'activité économique de base de la région et occupe plus de 20 % de la population rurale (Milleville et *al.*, 1982).

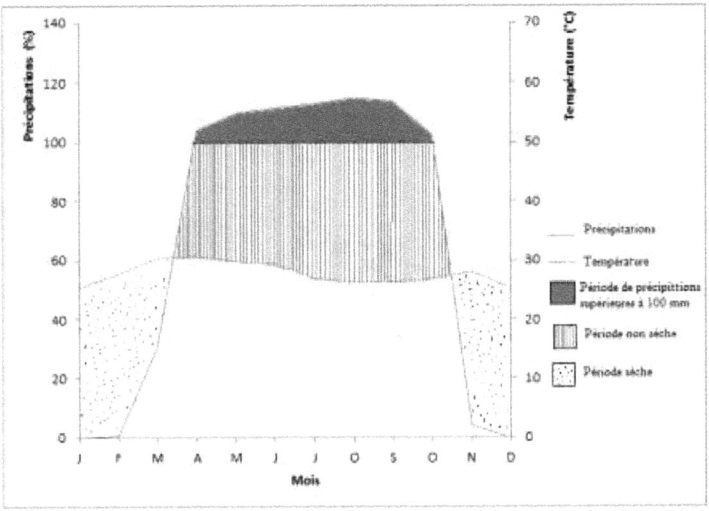

Figure 11: Diagramme ombro-thermique de la station de Ngaoundéré. Échelle réduite au 1/10 dès 100 mm, selon la méthode de Walter & Lieth 1964.

II.3 Choix du matériel végétal

Le matériel végétal est constitué de litières de deux espèces du genre *Jatropha (Jatropha curcas* et *Jatropha gossypifolia)* et une plante de culture, la tomate. Les deux espèces de *Jatropha* sont des essences socio-économiques très importantes dans la région. En effet ces deux espèces sont valorisées par les populations de la zone septentrionale du Cameroun dans divers domaines: les systèmes agroforestiers avec des multiples usages: médicinale, haies vives, pharmacopée (Anguessin, 2010; Tchobsala *et al.*, 2013). Dans le présent travail, la litière se limite aux feuilles mortes se trouvant fraîchement au sol. La litière (Figure 12) de ces espèces a été collectée sur une base annuelle (Mapongmetsem, 2005).

J. curcas *J. gossypifolia*

Figure 12: Echantillon de litières de Jatropha

Pour tester l'influence de litière de *Jatropha* sur la croissance et le rendement de cultures, la tomate a été choisie. C'est une des plantes les plus cultivées à travers le monde et en particulier au Nord Cameroun. C'est une source importante de vitamines ainsi qu'une culture de rente importante pour les petits exploitants et pour les agriculteurs commerciaux qui ont une exploitation moyenne (Naika *et al.*, 2005).

II.4 Méthodes

II.4.1 Production de litières

II.4.1.1 Protocole

Les méthodes d'estimation de la production de litière sont nombreuses et variées (Rapp et Leonardi, 1988). Dans la présente étude la méthode utilisée par Mitchell *et al.* (1986) et Chandrasekaren et Swamy (2002), qui s'adapte le mieux au site d'étude a été adoptée. L'estimation de la production annuelle a été choisie par rapport à la saisonnière ou mensuelle, cause de la période de chute maximale de litière et le type biologique des espèces étudiées. Ce sont des espèces décidues qui perdent leurs feuilles pendant la saison sèche, durant 2 à 3 mois, avec la période de chute maximale située entre mi-octobre et mi-novembre.

Pour cela les litières des espèces sélectionnées (*Jatropha curcas* et *Jatropha gossypifolia*) ont été collectées dans la station de Guider sous les pieds des arbres entre mi-octobre et mi-novembre 2013 correspondant à la période de chute maximale. Cette collecte a été réalisée à l'aide d'un cadre carré fait en bois, d'un mètre de côté. Toutes les litières se trouvant dans le cadre sont ramassées et conservées dans des sacs en plastique. Pour chaque espèce quatre pieds ont été échantillonnés. Le dispositif expérimental est un bloc randomisé à quatre répétions. Les espèces sont les traitements et le nombre de pieds des arbres les répétitions.

II.4.1.2 Détermination de masse sèche

Tous les échantillons de litières collectés sont ramenés au laboratoire triés pour les débarrasser de tous les débris. Ils sont séchés pendant 48 h à l'étuve à 60 °C jusqu'à la masse sèche constante. Les échantillons sont ensuite pesés secs à l'aide d'une balance électronique, sensible à 0,001 g pour déterminer leur masse sèche. Ces masses sèches de litières sont exprimées en tonne par hectare (t/ha). Plus de 90 % de litière sont constituées de feuilles mortes.

II.4.2 Expérience de lessivage

II.4.2.1 Protocole expérimental

Douze échantillons de 7 ± 0,01 g de chaque litière de *Jatropha* ont été pesés puis immergés complètement dans un litre d'eau distillée contenu dans un récipient en plastique. Ces récipients ont été maintenus dans le laboratoire à température ambiante de 23 ± 1 °C et une humidité relative de l'air variant entre 68 et 70 % pendant toute la durée de l'expérience 10 jours. Six prélèvements de deux échantillons de chacune de deux espèces (*Jatropha curcas* et *Jatropha gossypifolia*) ont été effectués à 1 h, 6 h, 24 h, 72 h, 144 h et 240 h. À chaque prélèvement, l'eau de surface des litières a été nettoyée à l'aide d'un papier absorbant. Le dispositif expérimental est un bloc complet randomisé à deux répétitions. Les espèces représentent les traitements.

Les échantillons nettoyés sont ensuite pesés frais pour déterminer leur masse fraîche et repesés secs après passage à l'étuve pour la détermination de leur masse sèche. Afin de calculer la teneur initiale en eau et la masse sèche initiale, deux échantillons supplémentaires de chaque litière ont été séchés également à l'étuve comme précédemment.

II.4.2.2 Mesures réalisées

La capacité d'absorption d'eau (CAE) exprimée en pourcentage d'eau par rapport à la masse sèche et la masse sèche restante par rapport à la masse sèche initiale des échantillons ont été calculées à chaque prélèvement selon les formules suivantes: CAE (%) = (MF-MS) x 100 / MS

Où CAE représente la capacité d'absorption d'eau, MF et MS sont respectivement la masse fraîche et sèche des échantillons.

MSR (%) = MSt x 100 / MSo

Où MSR est la masse sèche restante, MSt est la masse sèche à l'instant t et MSo représente la masse sèche initiale.

La teneur en eau (TE) et la masse sèche restante (MSR) de lessivage de litière ont été ajustée à une fonction exponentielle simple (Ibrahima *et al.*, 1995; Ibrahima *et al.*, 2003)

$$TE = A\ (1-\exp\ (-k_e t))$$

$$MSR(\%) = B\ \exp\ (-k_s t)$$

Où A est la capacité maximale d'absorption d'eau de litière, k_e et t sont respectivement la constante et le temps d'absortion d'eau, B est la masse sèche initiale, k_s la constante de lessivage de litière.

La méthode Sokal et Rohlf (1981) a été utilisée pour comparer les constantes d'absorption d'eau et la pente de masse.

Comme suggérait Olson (1963), le temps nécessaire pour la perte de 50 % de masse de litière est calculé comme suit:

$$t_{1/2} = 0,693/k$$

Où k est la constante de lessivage.

II.4.3 Expérience sur la décomposition

II.4.3.1 Protocole

Pour déterminer l'influence du gradient climatique et le microclimat créé par l'ombrage d'arbres sur la vitesse de décomposition de litières, trois sites d'étude (stations) ont été choisis à Ngaoundéré, Ngong et Maroua. Dans chaque station deux microstations sont choisies: sous houppier (SH) et hors houppier (HH). La méthode de sacs-à-litières ou litterbags a été utilisée. Elle consiste à enfermer une quantité donnée de litière dans un litterbag constitué de filet et le mettre à décomposer pendant un temps donné sur le terrain en posant directement sur le sol et le couvrir des feuilles mortes.

Soixante-quatre (64) échantillons de 7 ± 0,01 g de litière de chacune de deux espèces de *Jatropha* ont été pesés et incubés sur le terrain dans les litterbags de 20 cm de long et 15 cm de large chacun. Cette taille de litterbag permet d'éviter la compaction des litières. Au total 128 (4 répétitions x 8 prélèvements x 2 litières x 2 microstations) litterbags fabriqués à l'aide de filet en polyéthylène à maille de 2 mm ont été posés dans chacune des trois stations. Cette taille de maille empêche la perte de fragment de litière et favorise l'entrée de la faune de petite taille. Les litterbags ont été posés dans chaque station et l'incubation a duré 52 semaines, d'avril 2012 à avril 2013. Les échantillons ont été fixés au sol par ses extrémités

pour éviter leur déplacement par des animaux et le vent. Un prélèvement de 4 échantillons de chaque espèce et à chaque microstation et à chaque station a été réalisé à 2, 4, 6, 10, 16, 24, 36 et 52 semaines. Le dispositif expérimental pour la décomposition de litière est un split-split-plot à quatre répétitions. Les stations représentent le traitement principal, les espèces le traitement secondaire et les microstations le traitement tertiaire. Le nombre d'échantillons prélevés par espèce, par station et par microstation constitue les répétitions. Le nombre total d'échantillon est de 384 correspondants à 3 stations x 2 espèces x 2 microstations x 8 prélèvements x 4 répétitions.

II.4.3.2 Estimation des masses sèches restantes

Après chaque prélèvement, les échantillons ont été ramenés au laboratoire, séparés de leurs sacs et nettoyés, puis passés à l'étuve pendant 48 heures à 60 °C et enfin pesés secs à l'aide d'une balance électronique, sensible à 0, 001 g pour déterminer leur masse sèche.

Afin de déterminer leur masse initiale, quatre échantillons supplémentaires de chaque litière ont été pesés fraîches, puis passés à l'étuve comme précédemment. Leur masse sèche initiale a été déterminée par pesée. Leur masse sèche restante par rapport à leur masse initiale en pourcentage (MSR %) a été calculée selon la formule suivante:

$$MSR(\%) = (MSt/MSo) \times 100$$

Où MSt et MSo sont respectivement les masses sèches à l'instant t et initial.

La vitesse de décomposition ou constante de décomposition de litières (k) a été estimée en ajustant la masse sèche restante à une fonction exponentielle simple de forme

$$x_t = x_0 e^{-kt}$$

x_t, x_o et k sont respectivement la masse sèche restante à l'instant t, la masse sèche initiale et la constante de décomposition de litière; t est le temps d'incubation de litière en jours.

La demi-vie, le temps pendant laquelle la moitié de litière a disparu a été calculé selon la formule suivante:

$t_{1/2} = 0,693/k$

II.4.3.3 Détermination des caractéristiques physiques initiales des litières

Trois caractéristiques physiques initiales des litières ont été déterminées: l'épaisseur, la surface et l'indice de sclérophillie de litières qui est la masse surfacique.

L'épaisseur a été déterminée à l'aide d'un pied à coulisse.

La surface des litières a été calculée en utilisant l'équation de Payne *et al.* (1997). Surface (cm^2) = 0,68 x (longueur x largeur maximale) – 0,114

L'indice de scléropyllie (IS) calculé selon la formule suivante:

IS = MS/S

Où IS, MS et S sont respectivement l'indice de sclérophyllie, la masse sèche initiale des litières et leur surface.

II.4.4 Influence de la litière foliaire de *Jatropha* sur la production de tomate

II.4.4.1 Protocole

L'étude a été conduite en champs dans des pots de 20 cm de diamètre et espacés de 50 cm dans la station de Guider (Figure 13). Le sol provient également de Guider. Après nettoyage de la surface, le sol de la partie superficielle entre 0 et 10 cm de profondeur reconnue comme plus riche en élément minéraux et en matières organiques est collecté. Pour homogénéiser la structure de ce sol et le débarrasser des débris comme les racines des végétaux, ce sol a été tamisé à l'aide d'un tamis de 1mm de maille (Diallo *et al.*, 2008). Les pots contenant 2 kg de sol préalablement tamisé sont placés sur quatre rangées de 8 pots, sur une parcelle plate préalablement nettoyée. Après humidification des sols, les plants de tomate variété Rio grande de deux semaines ont été repiqués dans les pots à raison d'un plant par pot.

Quatre traitements de pots ont été constitués:

- des pots contenant seulement le sol tamisé sans litière et sans engrais minéral, ce sont des témoins;

- des pots contenant le sol mélangé à la poudre de litière de chacune des deux espèces de *Jatropha;*

- des pots contenant le sol tamisé mélangé à l'engrais minéral.

La même quantité (2 g) de fertilisant (poudre de litière et engrais) conseillée par les maraîchers habitués à la culture de tomate a été administrée au pied des plants de tomate soit à 15, 30 et 45 jours après le repiquage. Cela correspond à 0,64 t/ha de fertilisant par application. Le dispositif expérimental est un bloc de Fischer randomisé à quatre répétitions. Le traitement est constitué par le type de fertilisant (témoin, litière de *Jatropha* et engrais) et les répétitions le nombre de pots par type de fertilisant. Un total de 32 pots (4 traitements x 4 répétitions x 2 unités expérimentales) a été entretenu durant l'essai. La parcelle expérimentale est un rectangle de 5,5 m de long et 3,5 m de large. La surface d'étude est donc 19,25 m^2.

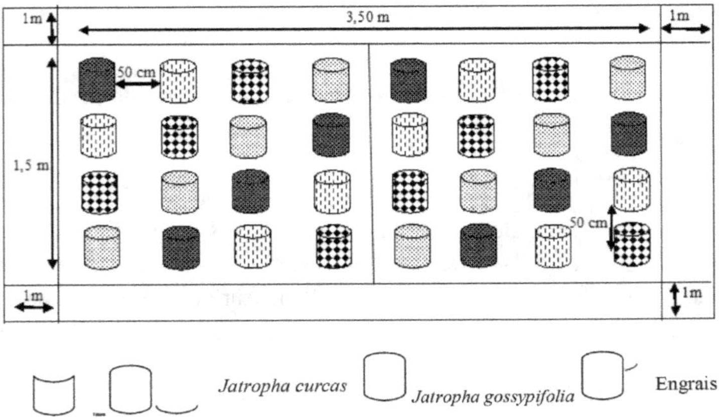

Figure 13: Schéma du champ expérimental de tomate

II.4.4.2 Evaluation des paramètres de croissance et du rendement à la récolte

Les plants de tomate ont été étiquetés. Sur ces plantes les paramètres de croissance tels que: la hauteur de la plante, le diamètre de la tige, le nombre de feuilles et de ramifications ont été évalués à différentes dates d'observations après repiquage (15, 30 et 45 jours).

Les paramètres de rendement tels que le nombre de fruits et leur masse ont été évalués après la récolte. Le rendement a été exprimé en tonne par hectare.

II.4.5 Analyse chimique

Pour suivre la dynamique des composés chimiques. Les analyses chimiques des litières ont été effectuées au laboratoire de l'ENSAI de l'Université de Ngaoundéré.

Après réduction en poudre de tous les échantillons de litière à l'aide d'un broyeur Micro Hammer Mill Culatti, avec un tamis d'un millimètre de maille, les caractéristiques biochimiques des litières ont été déterminées.

II.4.5.1 Teneur en carbone

Le dosage du carbone s'est fait suivant la méthode AFNOR (1982). Elle se décline en trois étapes: la détermination de la quantité de matière sèche suivie de la détermination de la quantité de matière organique digestible (MOD) à partir de la différence entre la matière sèche et le total des cendres, et enfin l'estimation de la quantité de carbone.

II.4.5.1.1 Détermination de la matière sèche d'un échantillon de substrat

La détermination de la matière sèche s'est faite par séchage à 105 °C. Après pesage dans un creuset préalablement taré, un poids (g) Mh exactement connu d'échantillon a été porté à l'étuve pendant 24 heures puis retiré et refroidi dans un dessiccateur. La teneur en matière sèche en pourcentage de l'échantillon de substrat a été obtenue selon la formule ci-dessous:

$$\%Ms = \frac{Ms}{Mh} x\,100$$

%Ms = Pourcentage de la matière
sèche Mh = Matière humide

Ms = Matière sèche

II.4.5.1.2 Détermination de la matière organique

La méthode la plus répandue pour la détermination de la teneur en matière organique est la calcination de la matière à 550 °C.

Principe:

La matière sèche a été incinérée par un chauffage dans un four à moufle jusqu'à la disparition complète des particules charbonneuses. Une masse voisine de 25 g est calcinée à 550 °C. Ce résultat est généralement obtenu au bout de 2 heures. Les capsules sont ensuite refroidies et pesées. Pour un échantillon, au moins 3 essais ont été effectués.

Expressions des résultats

$$\%MO = \frac{(Ms - Mc)}{Ms} x100$$

% MO = pourcentage de matière organique dans l'échantillon Ms = masse de l'échantillon après passage à l'étuve à 105 °C Mc = Masse de l'échantillon après calcination

II.4.5.1.3 Estimation de la quantité de carbone

Sachant que la matière organique contient en moyenne 58 % de carbone, la teneur de carbone a été calculée selon la relation:

$$C(\%) = MO\ (\%)\ x\ 0{,}58\ \%$$

II.4.5.2 Dosage de l'azote-Kjeldahl

Les échantillons secs ont été minéralisés selon Kjeldahl (AFNOR, 1982). Dans un matras de Kjeldahl, sont introduits 0,5 g de poudre, 0,5 g de catalyseur et 10 ml d'acide sulfurique concentré. Le tout est minéralisé pendant 2 heures jusqu'obtention d'une solution limpide (verdâtre). Le minéralisât est dilué avec 50 ml d'eau distillée. À ce mélange, quelques gouttes de phénophtaléine et de la soude 10 N, ont été ajoutés jusqu'à l'obtention d'une coloration rose. Après cela, le matras est placé dans l'appareil Kjeldahl pour la distillation. Le distillat est recueilli dans 50 ml d'acide borique contenant quelques gouttes d'hélianthine et de vert de bromocrésol. La distillation a été effectuée jusqu'à l'obtention d'un volume de distillat de 250-300 ml. Le distillat contenant l'ammoniac est titré en présence de phénophtaléine par l'acide sulfurique 0,1 N. Le pourcentage d'azote dans la matière sèche est le suivant:

$$\%N = \frac{(V_1 - V_0) \times N_H \times 14(10^{-3})}{m} \times 100$$

Vo = volume de H_2SO_4, ayant servi pour titrer le blanc

V1: volume de H_2SO_4 utilisé pour le titrage de
l'échantillon N_H = normalité de l'acide sulfurique

m = masse de prise d'essai de l'échantillon

14 = poids moléculaire de l'azote

II.4.5.3 Teneur en cendres

La cendre totale est le résidu de calcination à 550 °C de matières organiques. Le principe consiste en une incinération d'une prise d'essai après étuvage à 105 °C, jusqu'à poids constant, dans un four à moufle à 550 °C et la pesée du résidu obtenu selon la norme NF: T 60-209 (AFNOR, 1982).

Mode opératoire

La capsule en porcelaine (creuset) contenant l'échantillon issu de l'étuvage à 105 °C a été placée au four à moufle. La température du four a été maintenue à 550 °C jusqu'à obtention de cendres blanches exemptes de carbone. Ensuite les creusets ont été retirés du four à l'aide des pinces puis refroidis dans un dessiccateur afin d'être pesés (P_3).

La teneur en cendres, pour 100 grammes de matière sèche, est calculée par la formule:

$$Cen(\%) = \frac{(P_3 - P_1) \times 100}{P_2 \times MS}$$

Avec: P_1 = masse de la capsule vide

P_2 = masse de l'échantillon

P_3 = masse de la capsule plus cendre

MS = matière sèche de l'échantillon

Les minéraux sont dosés dans la solution préparée à partir des cendres obtenues précédemment. Pour ce faire, 0,1 g plus 5 ml de HCl concentré et 20 ml d'eau ont été introduits dans un bêcher, le tout a été chauffé sur une plaque électrique jusqu'à obtention d'une solution limpide. Après refroidissement suivi d'une filtration dans une fiole de 50 ml, le volume a été ajusté à 50 ml à l'eau distillée (Maynard, 1970).

Teneur en calcium et du magnésium

Ce dosage a été fait en utilisant les échantillons préalablement réduits en cendre et conduit selon la méthode titrimétrique à l'EDTA de AFNOR (1982). Dans cette méthode, la concentration totale de Ca^{2+} et Mg^{2+} (titre hydrotitrimétrique ou TH) forme un complexe de coloration violette avec le sel disodique de l'EDTA qui vire au bleu en présence d'un tampon pH 10 et de l'indicateur coloré.

Etalonnage de l'acide éthylène diamine tétra-acétique (EDTA)

Un mélange d'une solution de 10 ml de Ca^{2+} (1 g de $CaCO_3$ (001 M) plus 4 ml de tampon 10 (54 g de chlorure d'ammonium (NH_4Cl) plus 1000 ml d'eau distillée) et une pincée de réactif de Patton et Reeder (PR) a été effectué dans un bêcher. La solution obtenue a été titrée avec l'EDTA contenu dans une burette. Le contenu du bêcher vire au rouge vif puis au bleu clair. Le dosage pratique proprement dit se fait par titrimétrie. L'EDTA forme un complexe rouge avec les ions calcium en présence du NaOH qui vire au bleu après ajout de l'indicateur coloré.

Dosage proprement dit

Pour le dosage du Mg^{2+}, 5 ml (V_2) de la solution solubilisée ont été prélevés dans un bêcher et la suite du procédé a été la même que celle de l'étalon sauf que l'indicateur utilisé était le Noir Erichrome T (NET) (CH-B 3031: M: 461,39 g/mol) (0,8 g de NET pour 200 ml d'éthanol).

Pour le Ca, 5 ml de la solution solubilisée ont été prélevés et mélangés à 2 ml NaOH 2N dans un bêcher, puis une pincée d'indicateur coloré a été ajoutée, le mélange obtenu est ainsi devenu rouge vif. Cette solution a par la suite été titrée avec la solution d'EDTA (0,01M=C_1) jusqu'à obtention d'un bleu clair. Le volume d'EDTA (V1 en ml) qui a été nécessaire pour avoir ce changement de couleur a été noté.

Expression des résultats

La concentration totale en ions Ca^{2+} et Mg^{2+} (TH) est exprimée en mol/l par la formule:

$$TH = 1000 (C_1V_1/V_2)$$

La concentration en Ca (Tca) exprimée mmole/l est donnée par la formule:

$$Tca = 1000 \times 40,08 (C_1'V_1'/V_2')$$

Avec C1': concentration en mole de la solution d'EDTA; V1': volume en ml de la solution d'EDTA utilisé pour le titrage; V2: volume en ml de l'échantillon dosé; 40,08: poids moléculaire du calcium.

La teneur finale en Ca en mg/100g MS est donnée par la formule suivante:

$$Q_{ca} = (Tca\times VT \times \% C)/ (m \times v)$$

Avec VT: volume total en ml de dilution des cendres; m: masse des cendres en g de la prise d'essai; % C: Teneur en cendres de l'échantillon (g/100g MS), v: volume de la prise d'essai.

En mg/L on a TMg = TMg (mmol/l) x 24,31.

Avec 24,31: poids moléculaire du magnésium.

La teneur finale en mg/100g MS est donnée par la formule suivante:

$$Q_{Mg} = [TMg\times VT \times \%C)/ (m\times v)$$

Les quantités en Ca et Mg sont déterminées en tenant compte des dilutions faites sur les prises d'essai pendant les manipulations.

Teneur en phosphore *(Rodier, 1978)*

En milieu acide et en présence du molybdate d'ammonium ($(NH_4)_6Mo_7O_{24},4H_2O$), les phosphates donnent un complexe phosphomolybdique qui, réduit par l'acide ascorbique, développe une coloration bleue ayant un maximum d'absorption à 690 nm (Tableau 3). Certaines formes pouvant être hydrolysées au cours de l'établissement de la coloration et donner des phosphates, le développement de la coloration est accéléré par l'utilisation d'un catalyseur: le tartrate double d'antimoine et de potassium.

Tableau 3: Procédure d'étalonnage et de dosage du phosphore dans les solutions des cendres

Fiole de 50 ml	Blanc	1	2	3	4	5
Solution étalon de phosphore (ml)	0	0,5	2,5	5	7,5	10
Eau distillée (ml)	50	49,5	47,5	45	42,5	40
Solution réactive* (ml)	2	2	2	2	2	2
Homogénéiser et laisser reposer pendant 30 mn						
DO moyenne à 690 nm	0	0,03	0,08	0,13	0,19	0,27
Correspondance en mg/l de phosphore (x)	0	0,1	0,5	1	1,5	2

Le blanc est obtenu en ajoutant 2 ml de la solution réactive dans 10 ml d'eau distillée. La solution réactive est préparée en mélangeant 100 ml d'H_2SO_4 (5N), 10 ml de solution d'émétique (tartrate double d'antimoine et de potassium), 30 ml de molybdate d'ammonium et 60 ml de solution d'acide ascorbique. La concentration en phosphore des échantillons est déterminée à partir de la courbe d'étalonnage d'équation $y = 1,4701x + 0,0061$ et $r^2 = 0,9946$; y est la densité optique et x la concentration du phosphore en mg/l de la solution de l'échantillon. La quantité du phosphore pour 100 g de MS est:

$$QP = (x.Vc.\%\ C) / (vi.m)$$

Avec Vc: volume total de la solution des cendres;

%C: teneur en cendres pour 100 g de MS;

vi : volume de la solution d'essai;

m: quantité des cendres utilisées pour obtenir Vc.

II.4.5.4 Dosage colorimétrique de la cellulose

Le dosage de la cellulose a été effectué par la méthode d'Updegraff (1969). Le principe consiste à couper toutes les liaisons de la chaîne glucidique afin de libérer les sucres simples. Dans un tube à centrifugation de 15 ml, 3 ml de réactif acétique-nitrique (150 ml d'acide acétique à 80 % plus 15 ml d'acide nitrique concentré) sont ajoutés à environ 100 mg de pulpes délipidées et pesées exactement. Les tubes sont bouchés hermétiquement (pour limiter l'évaporation) et placés dans un bain marie bouillant pendant 30 minutes. Après centrifugation à 10000 g pendant 60 minutes, le surnageant est écarté et le culot rincé avec 10 ml d'eau distillée, puis solubilisé dans 10 ml d'acide sulfurique à 67 %. Au bout d'une heure, 1 ml d'hydrolysat est prélevé, puis dilué dans 100 ml d'eau distillée. La concentration en ose de cette solution glucidique est alors déterminée par dosage à l'anthrone.

À 0,5 ml de solution glucidique, sont ajoutés 2 ml d'eau distillée, puis 5 ml de solution d'anthrone à 0,2 % dans l'acide sulfurique concentré. Après agitation, les tubes sont placés pendant 16 minutes dans un bain marie bouillant. Après refroidissement, l'absorbance est mesurée à 620 nm. La courbe d'étalonnage est réalisée avec une solution de maltose ou glucose comme décrit précédemment pour les sucres totaux.

La quantité de sucres totaux de chaque prise d'essai est déterminée en se reportant sur la courbe d'étalonnage d'équation de régression $y = 4{,}6237x + 0{,}1045$ et $r^2 = 0{,}9731$; y: concentration de l'élément dosé, x: quantité des sucres dans la prise d'essai.

La quantité de sucres en g/100 g de MS est donnée par la relation:

$$x' = 100 * [\ x * V_T / m * v\ ] * (100/100\text{-}TE)$$

V_T: le volume total de l'extrait; m: la prise d'essai en g; v: le volume d'échantillon analysé.

II.4.5.5 Dosage de la lignine

Le dosage de la lignine a été effectué suivant la méthode de Johnson *et al.* (1961), modifiée par Morrison (1972). Environ 8 à 10 mg d'échantillon sont pesés exactement dans des tubes de 10 ml. Après ajout de 1 ml de solution de bromure d'acétyle (solution à 25 % dans l'acide acétique concentré), les tubes hermétiquement bouchés sont placés dans un bain marie à 70°C pendant 30 minutes. Le mélange est transféré, après refroidissement, dans une fiole jaugée de 50 ml contenant 0,9 ml d'une solution de soude 2 N et 5 ml d'acide acétique concentré. La fraction non solubilisée après réaction avec le bromure d'acétyle est dissoute dans environ 40 ml d'acide acétique concentré. Après agitation, le mélange est laissé reposer pendant 1 heure pour permettre aux protéines de sédimenter, puis l'absorbance est mesurée à 280 nm.

Le pourcentage de lignine dans l'échantillon sec est calculé suivant les formules suivantes:

Lignine (% matière sèche) = 3,36 A-1,11

A = Absorbance échantillon / (poids échantillon / volume total)

II.4.5.6 Détermination des polyphénols totaux

Les composés phénoliques totaux ont été déterminés suivant la méthode décrite par Marigo (1973) avec le réactif de Folin-Ciocalteu. Le réactif de Folin-Ciocalteu est un mélange d'acide phosphomolybdique ($H_3PMo_{12}O_{40}$) et tungstique de sodium ($H_3PW_{12}O_{40}$) qui par réduction lors de l'oxydation des phénols donne un complexe bleu d'oxydes de tungstène (W_8O_{20}) et de molybdène (Mo_8O_{23}). Cette coloration présente un maximum d'absorption entre 725 et 760 nm.

Extraction

Un gramme (1 g) d'échantillon a été extrait trois fois sous agitation mécanique avec 25 ml de méthanol 80 % pendant 1 heure à température ambiante. L'extrait méthanolique était filtré avec du papier filtre Whatman N°1 et le filtrat ajusté au volume.

Dosage

Le dosage des composés phénoliques s'est fait après établissement d'un étalonnage avec l'acide gallique (0,2 g/l). Le tableau 4 montre les différentes étapes de l'étalonnage. Les composés phénoliques des échantillons sont dosés dans les mêmes conditions et suivant les mêmes étapes.

Tableau 4: Procédure de l'étalonnage de l'acide gallique (0,2 g/l) en vue du dosage des composés phénoliques

N° tubes	1	2	3	4	5	6	Inconnu
Acide gallique 0,2 g/l (ml)	0	0,01	0,02	0,03	0,04	0,05	-
Echantillon (ml)							0,02
Eau distillée (ml)	1,4	1,39	1,38	1,37	1,36	1,35	1,38
Réactif de Folin-Ciocalteu (ml)	0,2	0,2	0,2	0,2	0,2	0,2	0,2
Agiter et laisser reposer 3 mn							
$Na2CO3$ 20 % (ml)	0,4	0,4	0,4	0,4	0,4	0,4	0,4
Agiter et incuber au bain-marie à 40°C pendant 20 mn							
DO moyenne à 760 nm							Y
Quantité d'acide gallique (µg)	0	2	4	6	8	10	X

Les résultats sont exprimés en milligrammes d'acide gallique pour 100 g de matière sèche (mg/100g). À partir de l'équation de régression DO = 0,0478 Q - 0,0145 avec $r^2 = 0,9941$, établie avec un gramme d'acide gallique de 0 à 10 µg.

DO = densité optique, Q = quantité des composés phénoliques dans 100 g de matière sèche.

II.5 Analyses statistiques

Les analyses de la variance suivies des tests de comparaison multiple de Duncan ont été utilisées pour comparer les espèces, les microstations, les stations entre-elles et leurs interactions. Ces analyses ont été également utilisées pour comparer les caractéristiques physiques initiales entre les deux espèces, les paramètres de croissance et le rendement entre les traitements. Les tests de student ont été utilisés pour comparer les caractéristiques physiques initiales des litières entre les deux espèces. De même les régressions linéaires ont été utilisées pour déterminer les relations existantes entre les vitesses de lessivage, de décomposition de litière et les caractéristiques physico-chimiques des litières ainsi qu'avec le climat. Ces test ont été réalisés à l'aide de logiciel STATGRAPHICS 5.0 et XL Stat.

CHAPITRE III: RÉSULTATS ET DISCUSSION

CHAPITRE III: RÉSULTATS ET DISCUSSION

III.1 Production de litière

La production de litière varie significativement (0,0043 < 0,01) entre les deux espèces (Figure 14). *J. curcas* produit plus de deux fois et demi (5,76 ± 1,44 t/ha) que *J. gossypifolia* (2,13 ± 0,74 t/ha). Cette quantité de litière produite est élevée comparée à celles rapportées dans la littérature. En effet, Firdaus *et al.* (2010) ont rapporté une production de litière dans la plantation de *J. curcas* en Malaisie de l'ordre de 0,94 t/ha. De même Abugre et Sam (2010) ont trouvé une valeur de production de litière de *J. curcas* allant de 0,79 t/ha à 2,27 t/ha sous la formation de *J. curcas* située à Sunyani au Ghana. Ces derniers auteurs ont trouvé que la production maximale de litières de *J. curcas* se situe en novembre en saison sèche comme c'est le cas dans cette étude.

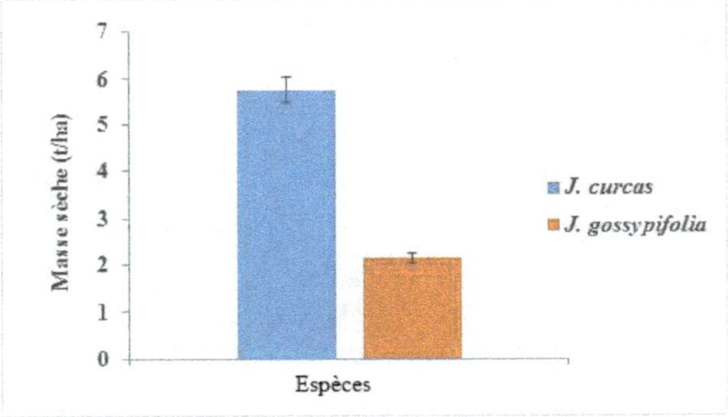

Figure 14: Production annuelle de litière foliaire totale

III.2 Caractéristiques physiques initiales des litières

Les caractéristiques physiques des litières sont variables entre les deux espèces (Tableau 5). Excepté l'indice de sclérophyllie (0,258 > 0,05) qui est de 4,5 ± 0,9 g/cm^2 chez *J. gossypifolia* et 5,1 ± 1 cm^2 chez *J. curcas*, l'épaisseur et la surface foliaire diffèrent significativement (0,0001 < 0,001) entre les deux espèces. Les valeurs de l'épaisseur (0,36 ± 0,05 mm) et la surface (246,40 ± 46,67 mm^2) chez *J. curcas* sont largement supérieures à celles de *J. gossypifolia* (0,21 ± 0,04 mm et 108,64 ± 2,87 mm^2). Ces résultats peuvent être comparés à ceux des études d'Ibrahima *et al.* (2003, 2008) sur les litières de huit espèces des savanes soudano-guinéennes de l'Adamaoua. En effet, ils ont trouvé que les valeurs de l'épaisseur se situent entre 0,14 mm (*X. americana*) et 0,47 mm (*A.*

senegalensis) celles de la surface de litière entre 15,92 cm^2 (*X. americana*) et 229,80 cm^2 (*U. togoensis*). Comparativement à leurs résultats, les litières de *J. gossypifolia* présentent une épaisseur faible et une surface de litière moyenne alors que la litière de *J. curcas* présente une épaisseur moyenne et une surface supérieure à celles rapportées dans les études d'Ibrahima *et al.* (2003, 2008). Les résultats mettent en évidence le comportement de deux espèces. En effet, *J. curcas* avec de large surface de feuille et de grande épaisseur se comporte comme les espèces des milieux mésophiles et à faible contrainte édaphique. Elle se développe partout, même sur les terres dégradées et n'est pas exigeant par rapport à la qualité du sol.

Tableau 5: Caractéristiques physiques initiales des litières

Espèces	Epaisseur (mm)	Surface foliaire (mm^2)	Indice de sclérophyllie.10^{-3}(g/ cm^2)
J. curcas	0,36 ± 0,05	246,40 ± 46,67	5,1±1
J. gossypifolia	0,21 ± 0,04	108,64 ± 2,87	4,5 ± 0,9
Probabilité	**0,0001*****	**0,0001*****	**0,258^{ns}**

*P=probabilité, p>0,05=ns (non significatif), ***=P<0,001..*

III.3 Composition chimique initiale des litières

III.3.1 Composés organiques

La concentration des composés organiques varie significativement entre les deux espèces selon l'élément considéré (Tableau 6). En dehors de l'azote et de la lignine qui ne diffèrent pas entre les espèces, les concentrations en matière organique totale, carbone, cellulose et polyphénols de *J. curcas* sont supérieurs à celles de *J. gossypifolia*. La proportion de lignine trouvée dans la litière des deux espèces est comprise dans la tranche 5-10 % de lignine d'une litière fraîche (Mangenot, 1980). Abugre et Sam (2010) ont trouvé une concentration en carbone de 42,29 %, en azote de 2,5 %, en lignine de 12,03 % dans les litières de *J. curcas* au Ghana. Selon Dieye *et al.* (2016), la concentration en carbone varie de 44,81 à 45,34 %, celle de l'azote de 1,46 à 1,69 %, celle de lignine de 22,7 à 24,80 %, celle de cellulose de 17,10 à 21,30 % dans les litières de *J. curcas* dans les savanes du Sénégal. Ces concentrations pour la litière de la même espèce sont 43,60 %, 1,33 %, 2,78 % et 26,50 % dans les savanes du Mozambique et de 45,16 %, 1,70 %, 23,0 % et 18,9 % dans les savanes de Tanzanie respectivement pour le carbone, l'azote, les lignines et la cellulose. Selon ces auteurs les composés organiques chez *Jatropha* varient avec les espèces, les cultivars, mais également avec le type d'environnement (Abugre et Sam, 2010; Zimmer *et al.*, 2015; Dieye *et al.*, 2016). Les travaux d'Ibrahima *et al.* (2003 et 2008) sur les litières de huit espèces des savanes soudano-guinéennes de l'Adamaoua ont trouvé que la valeur de lignine varie entre 1,05 % (*V. paradoxa*) et 5,37 % (*L. lanceolata*), celle de cellulose entre 1,46 % (*V. paradoxa*) et 3,28 % (*V. doniana*) et celle de phénol entre 1,24 % (*V. madiensis*) et 3,69 % (*S.g.* var *macrocarpum*). Comparativement à leurs résultats, les litières de *Jatropha* sont plus riches en en lignines et en cellulose et pauvre en polyphénols.

Tableau 6: Composition initiale des litières en composés organiques

Espèces	Matières organiques (%)	Polyphénols (%)	Cellulose (%)	Lignine (%)	Carbone (%)	Azote (%)
J. curcas	68,37 ± 1,59	1,29 ± 0,08	6,51 ± 0,38	5,94 ± 0,30	39,65 ± 0,92	2,14 ± 0,27
J. gossypifolia	61,17 ± 1,41	0,83 ± 0,06	4,84 ± 0,28	7,47 ± 0,97	35,48 ± 0,82	1,95 ± 0,07
Probabilité	**0,0411***	**0,0256 ***	**0,0024 ****	**0,1685^{ns}**	**0,0411***	**0,4436^{ns}**

*P=probabilité, ns (non significatif)=p>0,05, *=P<0,05, **=P<0,01..*

III.3.2 Éléments minéraux

Les concentrations en éléments minéraux de litière de *Jatropha* varient entre les deux espèces selon l'élément considéré (Tableau 7). Les concentrations en cendre totale varie de 31,90 % à 39,11 %, celle de phosphore de 50,27 à 64,96 mg/100g MS, celle de calcium de 1,10 à 1,26 % et celle de magnésium de 268,42 à 305,32 mg/100g MS respectivement pour les litières de *Jatropha curcas* et *Jatropha gossypifolia*. Ces éléments chimiques ne diffèrent significativement entre les litières des deux espèces que pour les cendres et les phosphores. Le calcium et le magnésium ne sont pas différents significativement entre les litières de 2 espèces par leur concentration.

Ces deux litières présentent des concentrations en phosphore de 50,27 mg/100g MS et 64,96 mg/100g MS environ 0,50 % et 0,65 %, plus élevées que celle rapportée par Abugre et Sam (2010) pour la litière de *J. curcas* (0,15 %) au Ghana.

Tableau 7: Composition initiale des litières en composés minéraux

Espèces	Cendres(%)	Phosphore (mg/100gMS)	Calcium (%)	Magnésium (mg/100gMS)
J. curcas	31,90 ± 1,59	50,27 ± 0,46	1,10 ± 0,04	268,42 ± 21,46
J. gossypifolia	39,11 ± 1,40	64,96 ± 0,04	1,26 ± 0,06	305,32 ± 11,12
Probabilité	**0,0407***	**0,0005*****	**0,0887ns**	**0,1636ns**

*P=probabilité, ns (non significatif)=p>0,05, *=P<0,05, ***=P<0,001.*

Les résultats obtenus montrent globalement que la litière de *J. curcas* est plus riche en composés organiques, alors que *J. gossypifolia* est plus riche en éléments minéraux. *J. curcas* est plus riche en fibres comme les polyphénols et la cellulose, élément constituant les parois de cellules et les nervures des feuilles rendant ainsi les feuilles de *J. curcas* plus épaisses et plus dures. Par contre la litière de *J. gossypifolia* est plus faible en fibres mais riche en éléments minéraux comme les cendres totales et le phosphore. Les litières des deux espèces de *Jatropha* présentent des caractéristiques physico-chimiques comme celles des litières des espèces des savanes soudano-guinéennes de l'Adamaoua à l'exception de la lignine et de la cellulose qui sont largement élevés dans les litières de *Jatropha* (Ibrahima *et al.*, 2003 et 2008).

III.4 Lessivage des litières

III.4.1 Dynamique d'imbibition d'eau des litières

Dans l'ensemble, l'absorption d'eau des litières est rapide au début du lessivage puis évolue lentement. Au bout d'une heure, la litière de *Jatropha gossypifolia* contient environ la moitié de la teneur d'eau totale et celle de *Jatropha curcas* contient 2,6 fois la teneur totale (Figure 15). Cette teneur au bout d'une heure est de 108 % et 180 % respectivement chez *J. curcas* et *J. gossypifolia.* À la fin de l'expérience (240 heures), la teneur d'eau des litières atteint des valeurs comprises entre 280 % (*J. curcas*) à 353 % (*J. gossypifolia*). La capacité maximale d'absorption d'eau n'est pas atteinte pour les litières de deux espèces jusqu'à la fin de l'expérience car la comparaison des moyennes par le test de Duncan à 5 % montre que la teneur en eau de litières au bout de 240 heures est significativement supérieure à celles des autres dates de prélèvement (Annexe 2). La teneur d'eau de la litière de *J. gossypifolia* est supérieure à celle de *J. curcas* durant toute la période d'expérience (Annexe 2). Les valeurs enregistrées dans le présent travail sont similaires à celles rapportées sur les litières méditerranéennes (Ibrahima, 1991) et de litières des hautes savanes guinéennes de Ngaoundéré (Hamawa, 2001; Ibrahim, 2006). Les travaux de Taylor et Parkinson (1988) ont montré que les litières des conifères qui sont dures n'atteignent pas leur maximum d'absorption d'eau au bout de 10 jours de lessivage, alors que celles des feuillues moins dures atteignaient le maximum d'absorption au bout de 7 jours de lessivage.

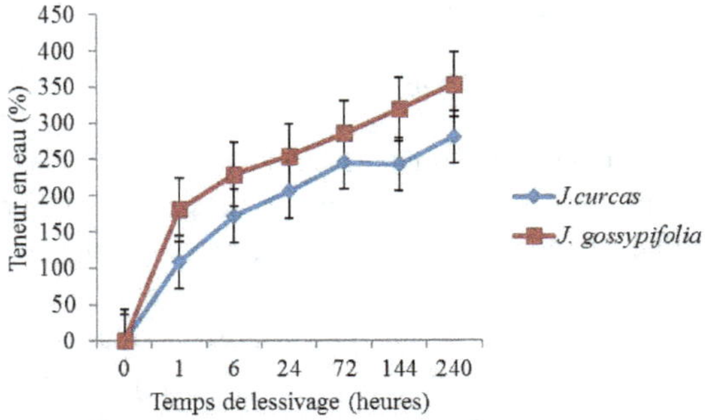

Figure 15: Dynamique de l'absorption d'eau des litières au cours de 240 h de lessivage

III.4.2 Ajustement de teneur d'eau des litières

Les teneurs d'eau de chaque litière sont ajustées à une fonction exponentielle simple (Annexe 3). Pour tous ces ajustements, les coefficients de détermination ajustés (R^2 adj.) sont hautement significatifs (Tableau 8). La comparaison des asymptotes ou capacité maximale d'absorption d'eau (A) et des vitesses ou constantes d'absorption d'eau (Ke) par la T-method à 5 % (Sokal et Rohlf, 1981) montre une différence significative entre les litières de deux espèces (Tableau 8). La capacité maximale d'absorption d'eau et la vitesse d'absorption d'eau de *Jatropha gossypifolia* sont significativement supérieures à celle de *Jatropha curcas.* Ces différences peuvent s'expliquer en partie par la différence des caractéristiques physico-chimiques des deux espèces, bien qu'elles appartiennent au même genre (*Jatropha*) et à la même famille (Euphorbiaceae). En effet, la litière de *J. curcas* est plus épaisse et riche en fibres comme cellulose et polyphénols que la litière de *J. gossypifolia.* Selon Berg (1984), Taylor et Parkinson (1988) et Ibrahima *et al.*, (1995), la vitesse d'absorption d'eau est influencée par les caractéristiques physiques et chimiques des litières. Ibrahima *et al.*, (1995) ont montré que les espèces des feuillus de la région méditerranéenne soumises à un stress hydrique ont développé des caractères morphologiques et biochimiques adaptatifs tels que l'épaisseur, la dureté élevée et la richesse en fibres comme cellulose, lignine et phénols, leur permettant de réduire la perte hydrique. Après la mort des feuilles, ces structures foliaires diminuent l'absorption d'eau par les litières.

Tableau 8: Modèle exponentiel décrivant le changement de la teneur en eau (TE) des litières en fonction du temps d'absorption d'eau (heures) de J. curcas et J. gossypifolia

	TE (%) = $A*(1-e^{-k_e t})$			
Espèces	**A**	**Ke**	**R^2adj**	**SEE**
J. curcas	238,29 ± 11,20^a	0,34 ± 0,10^a	0,879	32,18
J. gossypifolia	288,44 ± 12,97^b	0,95± 0,27^b	0,865	40,75

A: asymptote ou capacité maximale d'absorption d'eau (%); k_e: constante ou vitesse d'absorption d'eau (heure^{-1}); t: temps d'absorption d'eau (heures). Erreur standard d'estimation (SEE). Lettres différentes indiquent que les 2 espèces diffèrent par leur A et leur k_e au seuil de 5 %.

Des résultats d'absorption d'eau par les litières similaires ont été rapportés dans la littérature sur les espèces feuillues tempérées (Nykvist, 1959 et 1963; Taylor et Parkinson, 1988), méditerranéenne (Ibrahima *et al.*, 1995) et des savanes soudano-guinéennes de l'Adamaoua Cameroun (Ibrahima *et al.*, 2003 et 2008). Selon Taylor et Parkinson (1988) en heures, l'absorption d'eau de litière de peuplier (*Populus tremuloïdes*) est de 300 % de sa masse sèche (soit environ 90 % de sa capacité maximale). Ibrahima *et al.* (1995) de leur côté ont trouvé dans les litières des six espèces méditerranéennes des capacités d'absorption variant de 98 % chez le chêne vert (*Quercus ilex*) à 200 % chez le châtaignier (*Castenea sativa*) en 24 heures d'expérience. Cette teneur d'eau atteint en 240 heures d'expériences des valeurs comprises entre 155 % et 362 % de leur masse sèche chez les mêmes espèces précédentes. De même, Ibrahima *et al.* (2003, 2008) ont rapporté que la teneur d'eau des litières de 8 espèces des Savanes Soudano-guinéennes de l'Adamaoua Cameroun varie de 104 (*S. g.* var. *guineense*) à 240 % (*U. togoensis*) en 24 heures et 174 % à 335 % de leur masse sèche chez les mêmes espèces précédentes à la fin de l'expérience (240 heures). Dans la présente étude, l'absorption d'eau en une heure d'expérience est de 108 % chez *J. curcas* et 180 % chez *J. gossypifolia*, en 240 heures, elle est de 280 % et 353 % chez les mêmes espèces. En somme, les litières de *Jatropha* ont des vitesses et des capacités d'absorption d'eau plus grande que les espèces des régions tempérées méditerranéennes et Hautes Savanes de l'Adamaoua Cameroun, en particulier au début de leur lessivage.

III.4.3 Dynamique de masse sèche restante des litières

La perte de masse des litières de deux espèces est rapide dès le début de l'incubation (Figure 16). Au bout d'une heure, cette perte est entre 7,08 % et 12,75 % de leur masse sèche initiale chez *Jatropha curcas* et *Jatropha gossypifolia* respectivement, soit une masse sèche restante de 92,92 % chez *J. curcas* et 87,25 % chez *J. gossypifolia* (Annexe 4). Les litières continuent progressivement et lentement à perdre leur masse ou leurs substances solubles jusqu'à 240 heures, car la comparaison des moyennes montre que la masse sèche restante à 240 heures d'expérience diffèrent significativement ($P < 0,05$) avec celle des précédentes dates de prélèvement pour les litières des deux espèces (Annexe 3). À la fin de l'expérience (240 heures), la masse sèche restante (MSR) est de 74,48 % (perte de 25,52 %) et de 70,85 % (perte de 29,15 %) respectivement chez *J. curcas* et *J. gossypifolia*.

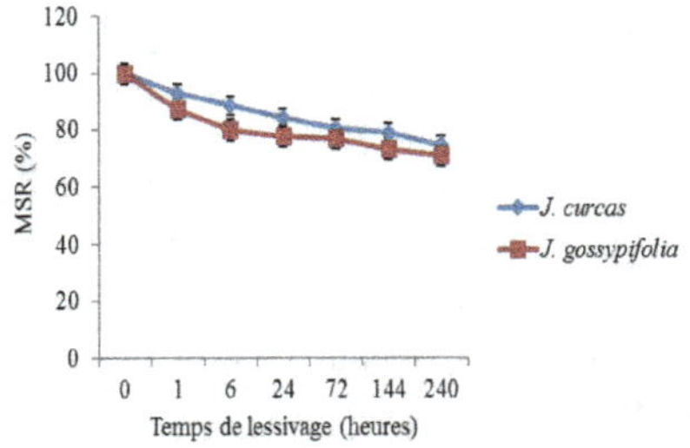

Figure 16: Dynamique de la masse sèche restante des litières de J. curcas et de J. gossypifolia au cours de 240 h de lessivage

III.4.4 Ajustement de masses sèches restantes des litières

Les masses sèches restantes de chaque litière sont ajustées à une fonction exponentielle simple (Annexe 5). Les coefficients de détermination ajustés (R^2 adj.) sont hautement significatifs (Tableau 9). La comparaison des vitesses ou constantes de lessivage de litières (Kl) par la T'-method (Sokal et Rohlf, 1981) met en évidence que la litière de *J. gossypifolia* possède une grande vitesse de lessivage que celle de *J. curcas* (Tableau 9). Cette différence entre les deux espèces s'explique en grande partie par la différence de structure physico-chimique de leur litière. En effet selon Taylor et Parkinson (1988) et Nykvist (1963), plus les litières sont épaisses dures et riches en fibres, plus l'absorption d'eau et le lessivage sont faibles.

Tableau 9: Modèle exponentiel décrivant le changement de la masse sèche restante (MSR) des litières en fonction du temps de lessivage (heures) de Jatropha curcas et Jatropha gossypifolia

	MSR (%) = $B*e^{-k_l t}$ +C					
Espèces	**B**	**Kl**	**C**	**R^2adj**	**t0,5**	**SEE**
J. curcas	18,49 ± 1,85	0,06 ± 0,02[a]	78,05 ± 1,22	0,883	11,55	2,38
J. gossypifolia	24,16 ± 2,38	0,63 ± 0,19[b]	75,40 ± 0,99	0,899	1,10	3,04

B: masse initiale de litières; k_l: constante ou vitesse de lessivage (heure^{-1}); t: temps d'absorption d'eau; C: asymptote ou lessivage maximale. Erreur standard d'estimation (SEE). Lettres différentes indiquent que les 2 espèces diffèrent par leur k_l au seuil de 5 %.

Des études sur le lessivage des litières méditerranéennes et des Hautes Savanes de l'Adamaoua Cameroun ont été réalisées par Ibrahima *et al.* (1995) et Ibrahima *et al.* (2003). Pour les litières des six espèces méditerranéennes, la perte de leur masse a varié de 32 % chez le hêtre (*Fagus sylvatica*) à 6 % de leur masse initiale chez le châtaignier (*Castenea sativa*) en 24 heures d'incubation, et de 7 % à 15 % chez les mêmes en 240 heures d'incubation. Pour les litières de huit espèces des Hautes Savanes de l'Adamaoua Cameroun, la perte de masse par rapport à la masse initiale varie de 5 % chez *V. paradoxa* à 28 % chez *X. americana* en 24 heures et de 12 % à 33 % chez les mêmes espèces à la fin de l'expérience (240 heures). Dans la présente étude, la perte est de 7,08 % et 12,75 % chez les litières de *J. curcas* et *J. gossypifolia* respectivement en 1 heure de lessivage, et de 25,52 % et 29,15 % chez les mêmes espèces en 240 heures. Ainsi les litières de *J. curcas* et *J. gossypifolia* ont des vitesses de lessivage et la quantité de substances hydrosolubles plus élevées que les litières des espèces méditerranéennes et des Hautes Savanes de l'Adamaoua Cameroun, étudiées par Ibrahima *et al.* (1995 et 2003), excepté la litière de Châtaignier qui a une grande quantité de substances hydrosolubles que les *Jatropha.* Ces différences peuvent s'expliquer par d'autres facteurs que par les caractéristiques physico-chimiques des litières.

III.5 Décomposition de litière de *Jatropha*

III.5.1 Effet espèce

La perte en masse sèche restante des deux litières est globalement semblable pour les deux espèces. La dynamique de la perte de masse sèche est lente au début de l'incubation jusqu'à quatre semaines, puis cette dynamique de masse sèche restante continue très rapidement jusqu'à la seizième semaine où la perte de masse sèche dépasse 95 % pour les deux espèces. Les analyses statistiques ne révèlent aucune différence significative entre les deux espèces (Tableau 10). Ceci est d'ailleurs en concordance avec leur rapport C/N qui ont presque les mêmes valeurs 18,52 et 18,19 pour *J. curcas* et *J. gossypifolia* respectivement. Ces espèces du genre *Jatropha* libèreraient efficacement et précocement l'azote assimilable au vu de leur rapport C/N inférieur à 20 (Chadda, 2008 et Ikbel *et al.*, 2013). En effet, le rapport C/N est couramment utilisé comme indicateur de la qualité des litières. Les valeurs élevées de ce rapport (> 25) indiquent que des litières à faible pouvoir de dégradation, résistantes aux organismes et aux attaques biochimiques. Les valeurs basses (néanmoins > 6) signalent des litières riches en azote et bien accessibles aux décomposeurs.

Tableau 10: Masses sèches restantes (%) des espèces durant l'incubation

Espèces/Semaines	**2**	**4**	**6**	**10**	**16**
J. curcas	89,06 ± 9,83	85,75 ± 2,85	63,03 ± 32,52	27,92 ± 23,52	4,42 ± 0,92
J. gossypifolia	88,78 ± 12,31	81,61 ± 4,02	56,53 ± 30,55	21,69 ± 19,45	3,95 ± 0,068
Moyenne	**88,92 ± 10,62**	**83,68 ± 3,43**	**59,78 ± 30,27**	**24,81 ± 20,83**	**4,18 ± 0,49**
Probabilité	**$0,96^{ns}$**	**$0,3077^{ns}$**	**$0,72^{ns}$**	**$0,62^{ns}$**	**$0,7255^{ns}$**

P=probabilité, ns (non significatif)= P>0,05.

III.5.2 Effet station

La dynamique de la masse sèche restante des litières de *Jatropha* en fonction du temps d'incubation dans les trois stations d'étude est illustrée par le tableau 11. La perte de masse sèche est très lente dans la station de Maroua et de Ngong, et rapide à Ngaoundéré au début de l'incubation. Les litières continuent à perdre rapidement leur masse jusqu'à la seizième semaine d'incubation où la perte de masse atteint plus de 90 % dans les trois stations. L'analyse statistique (Tableau 11) révèle une différence significative entre les masses sèches restantes dans les trois stations à deux (0,018 < 0,05) et seize semaines (0,0002 < 0,001) d'incubation. Par ailleurs il n'existe pas de différence significative entre les masses sèches restantes des différentes stations à quatre semaines d'incubation (0,88 > 0,05), six semaines (0,5 > 0,05) et dix semaines (0,3 > 0,05) d'incubation. À la fin de la décomposition, la masse sèche restante est en moyenne la plus faible à Ngaoundéré (0,89 ± 0,03 %) et la plus élevé à Maroua (8,80 ± 2,32 %). Ngong présente une valeur intermédiaire (2,85 ± 1,14 %). Cette masse sèche augmente selon le gradient climatique, de la station humide (Ngaoundéré) vers la station sèche (Maroua). Les litières se décomposent donc plus rapidement à Ngaoundéré par rapport aux stations de Ngong et de Maroua. La dynamique de la masse sèche restante de la station de Maroua est semblable à celle de Ngong, mais différente de celle de Ngaoundéré. Ce constat est confirmé par le test de Duncan (Tableau 11). La station de Ngong a une similitude avec la station de Ngaoundéré et celle de Maroua; Ngong est une station intermédiaire. L'homogénéité de la station de Maroua et celle de Ngong peut s'expliquer par le type de climat (soudano-sahélien et soudanien) semblable dans les deux stations. La différence entre la station de Maroua et celle de Ngaoundéré peut s'expliquer de même par le type de climat. En effet la station de Maroua et celle de Ngong sont des zones sèches ayant une pluviométrie annuelle respectivement de 861,17 mm et 984,08 mm et la station de Ngaoundéré est une zone humide avec une forte pluviosité annuelle (1422,72 mm). Epstein *et al.* (2002) ont montré que dans les milieux souvent limités en eau, les précipitations ont un effet supérieur aux températures moyennes ou à la texture du sol.

Tableau 11: Masses sèches restantes (%) de litières décomposées durant 16 semaines d'incubation dans les stations de Ngaoundéré, Ngong et Maroua

Stations/Semaines	2	4	6	10	16
Ngaoundéré	78,98 ± 12,88^{b}	70,40 ± 3,46^{a}	56,82 ± 10,60^{a}	10,52 ± 5,7^{a}	0,89 ± 0,03^{b}
Ngong	91,96 ± 4,2^{a}	87,76 ± 3,18^{a}	74,85 ± 5,48^{a}	32,52 ± 19,24^{a}	2,85 ± 1,14^{ab}
Maroua	98,74 ± 1,15^{a}	92,87 ± 1,75^{a}	54,28 ± 43,29^{a}	28,13 ± 28,48^{a}	8,80 ± 2,32^{a}
Moyenne	**89,89 ± 11,17**	**83,67 ± 2,79**	**61,99 ± 25,32**	**23,72 ± 20,73**	**4,18 ± 1,16**
Probabilité	**0,0186***	**0,8828^{ns}**	**0,50^{ns}**	**0,30^{ns}**	**0,0002*****

P=probabilité, ns (non significatif)= P>0,05,=p<0,05, ***=P<0,001. Les valeurs portant les mêmes lettres en colonne indiquent que les traitements ne sont pas significativement différents P>0,05.*

III.5.3 Effet microstation

À partir de la quatrième semaine jusqu'à la fin d'incubation des litières, la dynamique des masses sèches restantes varie significativement selon la microstation (Tableau 12). La dynamique de masse sèche restante est lente au début de l'incubation pour les deux microstations, puis continue rapidement jusqu'à la seizième semaine d'incubation où la perte de masse dépasse 90 %. Les litières se décomposent plus rapidement hors houppier comparativement à celles mises sous houppier. Les résultats similaires ont été rapportés par les études d'Abugre *et al.* (2011) et Kalba (2006). Etudiant les litières des Savanes Soudano-guinéennes de Ngaoundéré, Kalba (2006) a montré que les litières de *Erytrima sigmoïdea*, *Ficus polita* et *Maytenus senegalensis* se décomposent plus vite hors houppier que sous houppier. Abugre *et al.* (2011) ont également montré que la litière de *Jatropha curcas* se décompose plus vite hors houppier que sous houppier. Ces résultats peuvent s'expliquer par les effets des radiations solaires sur les litières en milieu découvert (hors houppier). Les radiations solaires arrivant au sol déshydratent plus rapidement les litières se trouvant hors houppier facilitant ainsi leur destruction mécanique, c'est-à-dire la fragmentation (Abugre *et al.*, 2011, Wagner, 1998; Laura et Yolanda, 2007). Ce comportement pourrait s'expliquait également par le microclimat (température, humidité, etc.). En effet les décomposeurs sont plus actifs dans les conditions chaudes et humides, et moins actifs dans les climats froids et très humides (Meentemeyer, 1978; Lavelle *et al.,* 1993; Hobbie, 1992; Aerts, 1997 et Kazakou, 2006). Plusieurs travaux ont mis en évidence, l'influence du climat sur la décomposition de la litière (Meentemeyer, 1978; Berg *et al.*, 1984). Fogel et Cromack (1977) soutiennent que la température et l'humidité sont parmi les principaux facteurs qui influencent la décomposition des litières à l'échelle régionale. Ces résultats corroborent ceux d'Aerts (1997) qui a démontré qu'à l'échelle globale, la décomposition est contrôlée par le climat plus que les propriétés de la litière et les organismes du sol. Allant dans le même sens, Quentin (2010) à son tour a démontré qu'à l'échelle locale (peuplement, microsite), les mêmes facteurs sont impliqués. L'auteur ajoute que le climat étant beaucoup plus homogène, ce sont la qualité de la litière et les organismes du sol qui sont les déterminants majeurs de la décomposition à cette petite échelle.

Tableau 12: Masses sèches restantes (%) des litières décomposées hors et sous houppier pendant 16 semaines

Microstations/ Semaines	2	4	6	10	16
Sous houppier	91,77 ± 10,08	88,63 ± 12,23	77,86 ± 12,0	37,77 ± 20,6	6,58 ± 0,96
Hors houppier	88,01 ± 12,82	78,72 ± 13,91	46,11 ± 25,73	9,67 ± 6,87	1,79 ± 0,72
Moyenne	**89,89 ± 11,17**	**83,67 ± 13,08**	**61,99 ± 25,32**	**23,72 ± 13,73**	**4,18 ± 0,84**
Probabilité	**0,58^{ns}**	**0,0182***	**0,02***	**0,01****	**0,0003*****

P=probabilité; ns (non significatif)= P>0,05,=p<0,05, **=p<0,01, ***=P<0,001.*

III.5.4 Influence des interactions sur la dynamique de la masse sèche

On note une décomposition totale des litières au bout de 16 semaines (quatre mois) quelles que soient l'espèce, la station et la microstation (Figure 17). La décomposition des litières des deux espèces est lente au début de l'incubation (4 semaines), ensuite elle devient rapide avec le temps d'incubation dans les trois stations d'étude et sous les deux microstations (sous et hors houppier). La perte de masse varie entre 0,21 et 32 % au début de l'incubation (4 semaines) et dépasse 76 % au bout de 16 semaines pour les deux litières dans les trois stations d'étude, sous les deux microstations, à l'exception de la litière de *Jatropha gossypifolia* hors houppier à Ngaoundéré (JGHHN). Cette litière présente une décomposition rapide au début de l'incubation et ralentie avec le temps de l'incubation. La perte de masse est de 45,8 % de masse sèche initiale au début de l'incubation (4 semaines) et atteint 100 % de perte de masse à 16 semaines d'incubation.

Il est généralement admis que la décomposition de litière est rapide au début de l'incubation et ensuite ralentit avec le temps d'incubation (Melillo *et al.,* 1982; Lavelle *et al.*, 1993; Ibrahima *et al.*,1995; Osono et Takeda, 2001; Mapongmetsem *et al.*, 2005; Abugre *et al.*, 2011; Tardif, 2014; Jeyanny *et al.,* 2015). Le début de la décomposition de litières correspond à la libération des composés hydrosolubles, qui est rapide. Ensuite c'est la phase de minéralisation des composés récalcitrants, qui nécessite l'intervention des microorganismes du sol (Swift *et al.*, 1979; Gillon *et al.*, 1999). Abugre *et al.*, (2011) ont trouvé que la décomposition de litière de *Jatropha curcas* est rapide au début de l'incubation, avec une perte de masse de 54 % à 58 % correspondant à trente jours d'incubation, soit quatre semaines. Cette perte au bout de 120 jours, soit 17 semaines dépasse 97 % de masse sèche initiale. La présente étude confirme les résultats d'Abugre *et al.* (2011) qui ont montré que *Jatropha curcas* présente une litière qui se décompose très rapidement, avec une perte de masse presque totale au bout de 17 semaines. La différence entre cette étude et celle d'Abugre *et al.* (2011) réside sur la perte de masse au début de l'incubation de litière, qui est rapide dans leur étude et lente dans la nôtre. Cette différence peut s'expliquer en partie par les conditions des milieux concernant le climat et les organismes du sol. Les sites d'étude pourraient être plus secs que ceux d'Abugre *et al.* (2011). Les études en particulier de Swift *et al.* (1979) et de Ibrahima *et al.* (2010) ont montré que l'humidité favorise (accélère) la décomposition des litières.

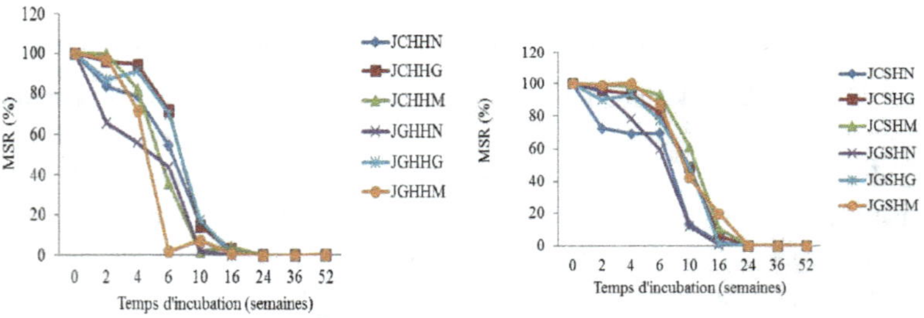

a) Sous houppier b) Hors houppier

JCHHN: J. curcas hors houppier Ngaoundéré, JGHHN: J. gossypifolia hors houppier Ngaoundéré, JCSHN: J. curcas sous houppier Ngaoundéré, JGSHN: J. gossypifolia sous houppier Ngaoundéré, JCHHG: J. curcas hors houppier Ngong, JGHHG: J. gossypifolia hors houppier Ngong, JCSHG: J. curcas sous houppier Ngong, JGSHG: J. gossypifolia sous houppier Ngong, JCHHM: J. curcas hors houppier Maroua, JGHHM: J. gossypifolia hors houppier Maroua, JCSHM: J. curcas sous houppier Maroua, JGSHM: J.gossypifolia sous houppier Maroua.

Figure 17: Dynamique des masses sèches restantes (%) au cours d'un an d'incubation in situ

Concernant les interactions, les résultats ne sont significatifs que pour celle entre station et microstation à 2, 6, 10 et 16 semaines d'incubation de litières (Tableau 13). Ceci suggère que l'interaction station*microstation a un effet significatif sur la décomposition de litière de *Jatropha*. Par contre les autres interactions (station*espèce, espèce*microstation et station* espèce* microstation) n'ont aucun effet significatif sur la décomposition de litière de *Jatropha.*

Tableau 13: Valeurs des probabilités selon les interactions durant la perte de poids des litières

Interactions/Semaines	2	4	6	10	16
Station*espèce	$0,5497^{ns}$	$0,88^{ns}$	$0,2546^{ns}$	$0,7375^{ns}$	$0,16^{ns}$
Station*microstation	$0,0117^{*}$	$0,083^{ns}$	$0,0000^{***}$	$0,0051^{**}$	$0,0010^{**}$
Espèce*microstation	$0,0513^{ns}$	$0,0606^{ns}$	$0,3100^{ns}$	$0,4512^{ns}$	$0,278^{ns}$
Station*espèce*microstation	$0,1806^{ns}$	$0,3384^{ns}$	$0,2712^{ns}$	$0,2351^{ns}$	$0,0518^{ns}$

*P=probabilité, ns (non significatif)= P>0,05, *=p<0,05, **=p<0,01, ***=P<0,001.*

III.5.5 Ajustement des masses sèches restantes des litières

Les masses sèches restantes de litières de deux espèces ont été ajustées à une fonction exponentielle simple (Annexe 6, 7 et 8). Les coefficients de détermination ajustés (R^2 adj.) sont tous hautement significatifs et les erreurs standards d'estimation sont faibles, inférieures 17 %. La vitesse ou constante de décomposition de litières (k) varie de 0,08 % par semaine chez les deux espèces sous houppier à Maroua à 0,23 % par semaine chez *J. gossypifolia* hors houppier à Ngaoundéré (Tableau 14).

Tableau 14: Résultat des ajustements de MSR de litières au modèle exponentiel simple de la forme Ae-kt. A est la masse sèche initiale, k est la constance de décomposition de litières et t le temps d'incubation de litières de J. curcas et J. gossypifolia

Site et Espèces	A (%)	K (Semaine·	R^2adj	SEE	t0,5
JCHHM	111,63 ± 4,94	0,15 ± 0,02	0,938	7,65	4,62
JGHHM	114,14 ± 7,52	0,17 ± 0,03	0,867	16,72	4,08
JCSHM	114,15 ± 5,03	0,08 ± 0,01	0,926	12,77	8,66
JGSHM	113,93 ± 4,50	0,08 ± 0,01	0,934	11,69	8,66
JCHHG	112,72 ± 5,38	0,11 ± 0,01	0,920	12,72	6,30
JGHHG	108,20 ± 4,11	0,12 ± 0,01	0,950	9,48	5,78
JCSHG	113,08 ± 5,15	0,01 ± 0,01	0,9205	12,72	6,93
JGSHG	110,35 ± 5,25	0,09 ± 0,01	0,913	13,41	7,70
JCHHN	108,23 (5,08)	0,14 ± 0,01	0,922	11,48	4,95
JGHHN	101,73 ± 2,70	0,23 ± 0,01	0,976	5,62	3,01
JCSHN	109,31 ± 4,41	0,12 ± 0,01	0,942	10,24	5,78
JGSHN	107,96 ± 4,49	0,15 ± 0,01	0,940	10,07	4,62

Erreur standard d'estimation (SEE), coefficients de détermination ajustés (R^2adj.) et temps de demi-vie ($t_{0,5}$). ***JCHHN****: J. curcas hors houppier Ngaoundéré,* ***JGHHN****: J. gossypifolia hors houppier Ngaoundéré,* ***JCSHN****: J. curcas sous houppier Ngaoundéré,* ***JGSHN****: J. gossypifolia sous houppier Ngaoundéré,* ***JCHHG****: J. curcas hors houppier Ngong,* ***JGHHG****: J. gossypifolia hors houppier Ngong,* ***JCSHG****: J. curcas sous houppier Ngong,* ***JGSHG****: J. gossypifolia sous houppier Ngong,* ***JCHHM****: J. curcas hors houppier Maroua,* ***JGHHM****: J. gossypifolia hors houppier Maroua,* ***JCSHM****: J. curcas sous houppier Maroua,* ***JGSHM****: J.gossypifolia sous houppier Maroua.*

Dans chacune des trois stations et dans chacune des deux microstations, la vitesse de décomposition de litière (K) ne varie pas significativement entre les espèces, à l'exception de la station plus humide de Ngaoundéré hors houppier où la vitesse de décomposition de la litière de *J. gossypifolia* est plus rapide que celle de *J. curcas* (Figure, 18). Cette différence entre les deux espèces concernant leur décomposition dans le site humide s'explique par la différence des caractéristiques physico-chimiques de leurs litières. Car la litière de *J. curcas* est plus riche en composés récalcitrants comme les polyphénols que celle de *J. gossypifolia.* Elle possède également l'épaisseur et l'indice de sclérophyllie plus élevés que celle de *J. gossypifolia.* Par contre la litière de *J. gossypifolia* est plus riche en cendres totales, en phosphore et en composés hydrosolubles, accélérateurs de la décomposition de litière que *J. gossypifolia.* Hunt *et al.* (1988) ont montré que les différences des structures de litières expliquent les différences de vitesse de décomposition de litière. Les litières riches en composés hydrosolubles et de faibles épaisseurs se décomposent plus facilement et rapidement que les litières plus riches en composés récalcitrants. L'influence de la qualité de litière est facilitée par les conditions du milieu et le type des organismes décomposeurs (Abugre *et al.* 2011; Goulden, 2005).

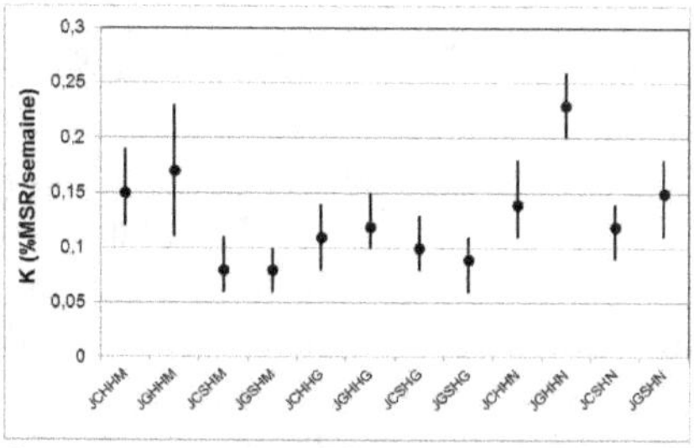

JCHHN: *J. curcas hors houppier Ngaoundéré,* ***JGHHN***: *J. gossypifolia hors houppier Ngaoundéré,* ***JCSHN***: *J.curcas sous houppier Ngaoundéré,* ***JGSHN***: *J. gossypifolia sous houppier Ngaoundéré,* ***JCHHG***: *J. curcas hors houppier Ngong,* ***JGHHG***: *J. gossypifolia hors houppier Ngong,* ***JCSHG***: *J. curcas sous houppier Ngong,* ***JGSHG***: *J. gossypifolia sous houppier Ngong,* ***JCHHM***: *J. curcas hors houppier Maroua,* ***JGHHM***: *J. gossypifolia hors houppier Maroua,* ***JCSHM***: *J. curcas sous houppier Maroua,* ***JGSHM***: *J.gossypifolia sous houppier Maroua*

Figure 18: Comparaison des constantes ou vitesse de la décomposition de litières de J. curcas et J. gossypifolia pendant 52 semaines sur le terrain, par T'-méthode de Sokal et Rohlf (1981) au seuil de 5 %.

De même, sous chacun des deux microstations, la vitesse de décomposition de litière des deux espèces ne diffère pas significativement entre les stations d'étude, excepté *J. gossypifolia* pour laquelle la vitesse de décomposition de sa litière hors houppier est la plus élevée à Ngaoundéré, la plus faible à Ngong et intermédiaire à Maroua. Dans la microstation sous houppier, cette vitesse à Ngaoundéré est supérieure à celle de Maroua et Ngong qui ne diffèrent pas entre elle (Figure 18).

Dans le site de Maroua, la vitesse de décomposition des litières de deux espèces hors houppier est supérieure à celles sous houppier, alors que cette vitesse ne diffère pas significativement entre les microstations (hors houppier et sous houppier) pour les deux espèces. À Ngaoundéré, la vitesse de décomposition de litière de *J. curcas* ne diffère pas entre les microstations, alors que celle de *J. gossypifolia* hors houppier est supérieure à celle mise sous houppier (Figure 18). La vitesse de décomposition pour l'espèce *J. gossypifolia* varie avec les stations d'étude. Elle est plus rapide dans le site humide (Ngaoundéré) que dans les stations moyennement sec et sec (Ngong et Maroua). Par contre pour la litière de *J. curcas,* l'effet station d'étude n'a pas été observé sur la vitesse de décomposition de litière. Ces deux résultats confirment ceux d'Austin et Vitousek (2000) qui ont montré que la constante de décomposition de litières de *Polymorpha metrasileno* varie avec les sites d'étude. Cette vitesse de décomposition de litière augmente de 0,22 % an^{-1} dans le site moins humide (précipitation: 500 mm) à 2,06 % an^{-1} dans le site plus humide (précipitation: 5500 mm). Dans une même zone géographique, l'influence des sites d'étude s'exerce sur la décomposition de la litière par les conditions climatiques qui y règnent. En effet, en milieu couvert (microclimat humide), l'humidité favorise l'activité biologique de la microflore et de la faune du sol qui accélère la minéralisation de litière. Par contre, en milieu découvert, les radiations solaires arrivant directement sur les litières provoquent leur fragmentation après leur dessèchement (Abugre *et al.*, 2011; Ibrahima *et al.*, 2017). La non observation de l'effet de station d'étude sur la décomposition de litière de *J. curcas* ou entre les stations moyennement sec et sec peut s'expliquer par la qualité de litière des deux espèces, par la saison et par les écarts des données climatiques enregistrées entre les 3 stations d'étude (Annexe 1). L'effet de saison n'a pas été étudié dans notre étude, mais toute fois plusieurs études ont montré que la saison joue un rôle non négligeable sur la décomposition de litière (Ibrahima *et al.*, 2017; Stamou *et al.*, 1994, Oladoye *et al.*, 2008; Fornara et Du Toit, 2008). De même l'écart de température et précipitation entre Maroua et Ngong (précipitation: 122,91 mm et température: 1,01 °C) est plus faible comparativement à celui entre Ngaoundéré et Ngong (Précipitation: 438,64 et température: 1,42 °C).

Les valeurs de vitesse ou constante de décomposition de litières (k) obtenues dans notre étude (0,08 à 0,23 % par semaine) sont parmi les valeurs les plus élevées comparées à celles de la littérature (Bayala *et al*, 2005; Abugre *et al.*, 2011; Nadam, 2016). En effet, Abugre *et al.* (2011) ont rapporté des valeurs de vitesse de décomposition de litière situées entre 0,015 et 0,02 % par jour, soit 0,11 et 0,14 % par semaine dans les Savanes de Ghana. Nadam (2016) a également trouvé des valeurs de vitesse de décomposition de litières des plantes de couverture de Savanes Soudano-guinéennes de l'Adamaoua, variant entre 0,08 et 0,50 % par semaine. Ibrahima *et al.* (2011) ont montré également que les litières des espèces méditerranéennes se décomposent avec une vitesse se situant entre 0,9 et 2,5 % par an, soit entre 0,017 et 0,048 % par semaine.

III.5.6 Demi-vie

La demi-vie ou le temps pendant lequel la moitié de la masse de litière est perdue (ou la moitié de litière est décomposée) est variable selon l'espèce, la microstation et la station d'étude (Tableau 14). Il se situe entre 3,01 semaines chez *Jatropha gossypifolia* hors houppier de la station de Ngaoundéré (JGHHN) à 8,66 semaines chez *Jatropha curcas* et *Jatropha gossypifolia* sous houppier de la station de Maroua (JCSHM et JGSHM). Le temps de la demi-vie est similaire entre les deux espèces à Maroua à chacune des deux microstations. Par contre, il est plus court chez *J. gossypifolia* que *J. curcas* pour les deux microstations à Ngaoundéré. À Ngong, il est plus long chez *J. gossypifolia* que *J. curcas* sous houppier.

Dans les trois stations d'étude, le temps de la demi-vie de chaque espèce est plus long dans la microstation sous houppier que dans celle de hors houppier (Tableau 14). Ce temps est le plus court chez *J. gossypifolia* hors houppier à Ngaoundéré (JGHHN, 3,01), le plus long à Maroua dans la microstation sous houppier chez les deux espèces (JCSHM et JGSHM, 8,66) et intermédiaire à Ngong sous houppier pour la litière de *J. gossypifolia.*

Les valeurs de demi-vie trouvées dans cette étude (3,01 à 8,66 semaines) sont conformes à celles rapportées par Abugre *et al.* (2011) sur la litière de *Jatropha curcas au* Ghana dont les valeurs se situent entre 4,95 et 6,6 semaines.

III.5.7 Sélection de modèle de décomposition de litière

Les coefficients de détermination ajustés (R^2 adj.) des masses sèches restantes de litières de deux espèces au modèle exponentiel simple sont hautement significatifs, avec des valeurs de R^2 adj. variant entre 0,867 et 0,976 (Tableau 14). Les valeurs des erreurs standards d'estimation (SEE) sont faibles (5,62 à 16,72). Ces résultats indiquent que le modèle exponentiel simple explique mieux la tendance de la décomposition de litière dans cette étude que d'autres méthodes trouvées dans la littérature. De plus ces résultats sont conformes à ceux d'Abugre *et al.* (2011) sur les litières de *Jatropha curcas*, de Mapongmetsem *et al.* (2005) et Ibrahima *et al.* (2000) sur les litières des espèces des Savanes Soudano-guinéennes de l'Adamaoua et de Bayala *et al.* (2005) sur la litière de *Vitellaria paradoxa* en Savanes de Côte d'Ivoire. Ces auteurs ont tous montré que le modèle exponentiel simple explique mieux le processus de décomposition de litière. Cependant, Dieye *et al.* (2016), utilisant la méthode de mesure de perte de carbone pour la respiration des microorganismes du sol, en laboratoire, ont montré que la décomposition de litière de *J. curcas* s'ajuste le mieux au modèle double exponentiel avec des coefficients de détermination variant entre 0,990 et 0,999. De même, Jeyanny *et al.* (2015) appliquant la même méthode précédente, ont trouvé que le modèle double exponentiel s'applique mieux à la décomposition de litières en forêts tropicales malaisiennes, avec R^2 adj. situé entre 0,72 et 0,88. De leur côté, Gillon *et al.* (1994) ont montré que les litières méditerranéennes décomposées en microsomes dans les conditions contrôlées de laboratoire, s'ajustent au modèle double exponentiel. Le modèle double exponentiel distingue deux compartiments de litière: compartiment hydrosoluble et le compartiment récalcitrant, chacun se décompose avec sa propre vitesse. Le premier se décompose très rapidement au début de l'incubation et le second se minéralise ensuite lentement en présence des organismes du sol (Gillon *et al.,* 1994). Par contre, le modèle exponentiel simple indique que les litières se décomposent avec une vitesse constante, et on distingue difficilement les deux compartiments de litières (Gillon *et al.,* 1994). Le modèle double exponentiel convient pour les études de processus de décomposition de litière en conditions contrôlées de laboratoire où les organismes décomposeurs sont réduits, parfois les macrofaunes responsables de fragmentation de litière sont absentes. En revanche, dans les études de processus de décomposition de litières « *in situ* » sur le terrain, il est difficile de distinguer les deux phases. Ceci est dû en partie aux variations des conditions climatiques des sites d'études et aux interventions des macrofaunes accélératrices de la décomposition (Gillon *et al.*, 1994; Swift *et al.*, 1979). Ainsi l'utilisation de deux modèles mathématiques pour simuler le processus de décomposition de litière de nos différentes études s'explique en grande partie par les différentes méthodes utilisées et les conditions expérimentales.

III.6 Relation entre paramètres climatiques et décomposition des litières

Les corrélations de Spearman (R) établis entre la masse sèche restante de litières de deux espèces de *Jatropha* et l'humidité relative de trois stations d'étude ne sont pas significatives ($P < 0,05$). De même ces coefficients de corrélation entre la vitesse ou la constante de décomposition de litière (k) de deux espèces de *Jatropha* ne sont pas significatifs (Tableau 15) pour l'humidité relative.

Tableau 15: Coefficients de corrélations de Spearman (R) entre la vitesse de décomposition (k), les masses sèches restantes (MSR) de litières de J. curcas et J. gossypifolia et les paramètres climatiques

K or MSR	Précipitation (mm)		température (°C)		humidité relative (%).	
	R	P	R	P	R	P
KHJC	0,0585ns	0,963	0,158ns	0,899	-0,849ns	0,355
KHJG	0,768ns	0,443	-0,612ns	0,581	-0,195ns	0,875
KSSJC	0,944ns	0,215	-,0993ns	0,077	0,742ns	0,468
KSSJG	0,991ns	0,084	-0,940ns	0,222	0,358ns	0,767
2SHJC	-0,981ns	0,124	**0,999***	**0,014**	-0,639ns	0,559
2SHJG	**-0,998***	**0,038**	0,988ns	0,099	-0,531ns	0,644
2SSJC	-0,975ns	0,142	**0,999***	**0,004**	-0,661ns	0,540
2SSJG	-0,863ns	0,337	0,951ns	0,199	0,857ns	0,345
4SHJC	0,359ns	0,766	-0,551ns	0,628	0,991ns	0,0839
4SHJG	**-0,999***	**0,020**	0,983ns	0,118	-0,506ns	0,663
4SSJC	-0,980ns	0,127	**0,999***	**0,011**	-0,644ns	0,555
4SSJG	**-0,999***	**0,011**	0,980ns	0,127	-0,493ns	0,672
6SHJC	-0,147ns	0,906	-0,0695ns	0,956	0,798ns	0,411
6SHJG	-0,201ns	0,871	-0,0149ns	0,991	0,764ns	0,446

6SSJC	-0,908ns	0,275	0,977ns	0,137	-0,802ns	0,407
6SSJG	-0,996ns	0,057	0,954ns	0,195	-0,399ns	0,739
10SHJC	0,328ns	0,787	-0,524ns	0,649	0,986ns	0,105
10SHJG	-0,301ns	0,805	0,089ns	0,943	0,693ns	0,512
10SSJC	**0,998***	**0,038**	0,988ns	0,10	-0,530ns	0,644
10SSJG	-0,949ns	0,24	0,859ns	0,342	-0,178ns	0,886
16SHJC	-0,387ns	0,747	0,180ns	0,885	0,624ns	0,571
16SHJG	-0,893ns	0,297	0,775ns	0,435	-0,032ns	0,980
16SSJC	-0,625ns	0,570	0,779ns	0,432	-0,984ns	0,112
16SSJG	-0,673ns	0,530	0,817ns	0,392	-0,971ns	0,153

Temps de décomposition en semaines (2S, 4S, 6S, 10S et 16S), microclimat: hors houppier (H) et sous houppier (S), espèces: Jatropha curcas (JC) et Jatropha gossypifolia (JG). Les corrélations significatives au seuil de 5 % (P) sont en gras.

Pour la litière de *Jatropha gossypifolia,* la précipitation des trois stations d'étude influence négativement sa masse sèche restante à deux semaines d'incubation hors houppier et à quatre semaines d'incubation hors et sous houppier (Figure 19). Les coefficients de détermination ajustés (R^2 adj.) sont respectivement de 0,999, 0,998 et 0,999 et P < 0,05. L'augmentation de la précipitation entraîne la diminution de masse sèche restante c'est-à-dire la perte de masse de litière de *J. gossypifolia* au cours de sa décomposition augmente avec la précipitation. La précipitation accélère la décomposition de litière de *J. gossypifolia*

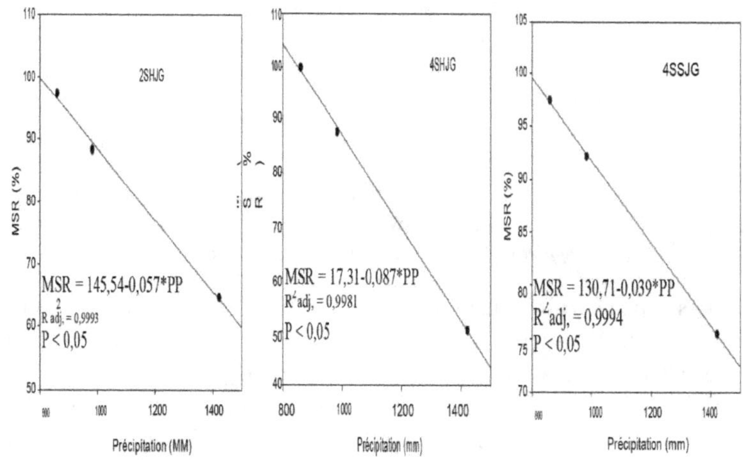

Figure 19: Régressions linéaire entre les MSR de litières et la précipitation moyenne annuelle, pour la litière de J. gossypifolia (JG) incubée à 2 semaines hors houppier (2SHJG), 4 semaines hors houppier (4SHJG), 4 semaines sous houppier (4SSJG).

Par contre pour la litière de *J. curcas,* c'est plutôt la température qui influence positivement la masse sèche restante à deux semaines d'incubation sous et hors houppier et quatre semaines d'incubation sous houppier (Figure 20). Les coefficients de détermination ajustés (R^2 adj.) sont respectivement de 0,999, 0,999 et 0,999 et P < 0,05. Cette fois, la masse sèche restante de litière augmente avec la température, c'est-à-dire la perte de masse de litière de *J. curcas* diminue au cours de sa décomposition avec l'augmentation de la température.

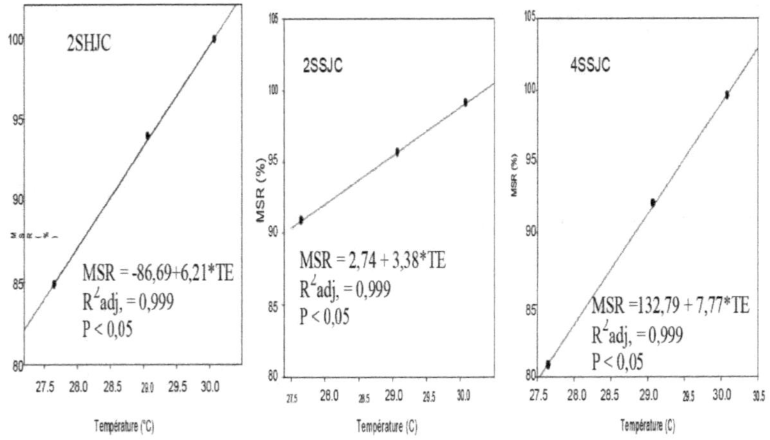

Figure 20: Régressions linéaire entre les MSR de litières et la température moyenne annuelle, pour la litière de J. curcas (JC) incubée à 2 semaines hors houppier (2SHJC) et sous houppier (2SSJC) et 4 semaines sous houppier (4SSJC).

Les réponses différentes de deux espèces aux paramètres climatiques peuvent s'expliquer par la qualité physico-chimique de leur litière. L'influence des précipitations sur la décomposition de litière de *J. gossypifolia* en accélérant ce processus de décomposition confirme les résultats de Bothwell *et al.* (2014) et Estrada *et al.* (2016). La sècheresse bloquerait l'activité microbienne responsable de la décomposition tandis que ce processus est accéléré en saison pluvieuse (Godeas, 1987).

Par contre la température influence positivement la masse sèche restante de la litière de *J. curcas*. La température ralentit la décomposition de litière de *J. curcas* dans cette étude. Ce résultat est contraire à ceux de Das et Mondal (2016) et Bothwell *et al.* (2014). Ces deux auteurs ont montré que la température accélère la décomposition de litière. Selon Bothwell *et al.* (2014), une corrélation significativement positive est obtenue entre la vitesse de décomposition de litière et la température moyenne annuelle ($R^2 = 0,65$ et $P < 0,01$). Ces différences entre nos résultats peuvent se justifier par le fait que les études de Das et Mondal (2016) ont été réalisées dans la forêt tropicale de Benghal en Inde et celle de Bothwell *et al.* (2014) dans les forêts tropicales des montagnes. La relation entre la température et la décomposition de la matière organique a été élucidée bien avant des décennies par plusieurs auteurs notamment Meentemeyer (1978); Melillo *et al.* (1982); Trumbore *et al.*, (1996); Liski *et al.* (1999). Une augmentation de la température augmenterait l'activité des organismes du sol et par conséquent le taux de décomposition de litière et la minéralisation. Mais la relation qui existe entre la température et la décomposition de litière est une considération environnementale longuement débattue (Jessica, 2009).

III.7 Dynamiques des composés biogènes au cours de la décomposition III.7.1 Dynamiques des composés minéraux

Les composés minéraux dont leur dynamique a été suivie lors de l'incubation des litières de *J. curcas* et *J. gossypifolia* sont les suivants: cendres, phosphore, calcium et magnésium.

III. 7.1.1 Dynamique des cendres III.7.1.1.1 Effet espèce

La teneur en cendres des litières de *J. gossypifolia* (39,11 ± 1,40 %) est initialement supérieure à celle de *J. curcas* (31,90 ± 1,59 %) de façon significative (0,0407 < 0,05). À partir de la deuxième semaine d'incubation de litières sur le terrain, cette tendance est inversée jusqu'à la fin de l'incubation (Tableau 16). La teneur en cendres de la litière de *J. gossypifolia* est significativement inférieure à celle de *J. curcas* tout le long de la période d'incubation. De même, la dynamique des cendres est plus rapide chez *J. gossypifolia* que *J. curcas* au cours de la décomposition de litières des deux espèces. En effet, la perte totale des cendres au bout de dix semaines d'incubation chez *J. gossypifolia* est 0,25 % et représente 64,10 % par rapport à la valeur initiale. Par contre chez *J. curcas,* cette perte durant la même période est de 0,03 % et représente 9,68 % par rapport à la valeur initiale. Cette différence de la dynamique des cendres entre les deux espèces s'expliquerait par la différence de leur caractéristique physico-chimique de leur litière. En effet, la litière de *J. gossypifolia* qui est riche en cendres et faible en épaisseur libère facilement et rapidement ses cendres que la litière de *J. curcas* qui est pauvre en cendres et épaisse.

Tableau 16: Teneur en cendres (%) des litières de J. curcas et J. gossypifolia, décomposées durant 10 semaines sur le terrain

Espèces/Semaines	0	2	4	6	10
J. curcas	31,90 ± 1,59	29,90 ± 6,27	30,07 ± 7,65	33,26 ± 8,33	28,80 ± 3,02
J. gossypifolia	39,11 ± 1,40	28,56 ± 8,88	28,13 ± 8,74	22,23 ± 6,27	14,36 ± 9,34
Moyenne	**35,5 ± 1,5**	**29,23 ± 7,58**	**29,10 ± 8,2**	**27,75 ± 7,30**	**21,58 ± 6,18**
Probabilité	**0,0407***	**0,0285***	**0,0058****	**0,0000*****	**0,0000*****

*P=probabilité, *=P<0,05, **=P<0,01, ***=P<0,001.*

III.7.1.1.2 Effet station

L'analyse de variance pour la teneur de cendres contenue dans la litière foliaire de *Jatropha curcas* et *Jatropha gossypifolia* indique une différence hautement significative entre les stations (0,0000 < 0,001) au cours de dix semaines d'incubation (Tableau 17). Cette teneur en cendres est plus faible dans la station de Maroua qu'aux deux autres stations (Ngaoundéré et Ngong) pour les six premières semaines d'incubation. Par contre à la dixième semaine d'incubation la teneur en cendres est la plus faible à Maroua (13,06 ± 5,35), la plus élevée à Ngong (32,21 ± 6,58) et intermédiaire à Ngaoundéré (18,47 ± 1,96).

Tableau 17: Teneur des cendres (%) des litières de Jatropha, décomposées pendant dix semaines sur le terrain, dans les 3 stations de Maroua, Ngong et Ngaoundéré

Station/Semaines	2	4	6	10
Ngaoundéré	32,73 ± 3,92^{a}	32,16 ± 6,74^{b}	33,92 ± 6,52^{a}	18,47 ± 1,96^{b}
Ngong	33,82 ± 7,01^{a}	33,83 ± 7,92^{a}	32,74 ± 8,09^{a}	32,21 ± 6,58^{a}
Maroua	21,13 ± 3,15^{b}	21,29 ± 1,14^{c}	16,57 ± 2,87^{b}	13,06 ± 5,35^{c}
Moyenne	**29,22 ± 4,69**	**29,09 ± 5,26**	**27,74 ± 5,83**	**21,25 ± 4,63**
Probabilité	**0,0000*****	**0,0000*****	**0,0000*****	**0,0000*****

*P=probabilité, ***=P<0,001. Les valeurs portant les mêmes lettres en colonne indiquent que les traitements ne sont pas significativement différents P>0,05.*

III.7.1.1.3 Effet microstation

La microstation sous houppier diffère significativement de celle hors houppier en ce qui concerne la teneur en cendres au cours de dix semaines d'incubation de litière à l'exception de la quatrième semaine d'incubation. À cette dernière date, les deux litières ne diffèrent pas significativement de leur concentration en cendres (Tableau 18). Durant l'incubation, la teneur en cendres est plus faible dans les litières décomposées hors houppier que celles sous houppier. Ce qui signifie que la dynamique des cendres est plus rapide hors houppier que celle sous houppier. Cette différence s'expliquerait par l'influence du climat en particulier les effets des radiations solaires sur les litières comme précédemment. En effet, la microstation hors houppier et la station de Maroua présentent la même caractéristique climatique à savoir l'exposition directe des litières aux radiations solaires (Abugre *et al.*, 2011, Wagner, 1998; Laura et Yolanda 2007). Ainsi, les deux milieux présentent une dynamique en cendres rapide.

Tableau 18: Teneur en cendres (%) des litières de Jatropha, décomposées pendant 10 semaines sur le terrain, sous et hors houppier

Microstation/Semaines	2	4	6	10
Sous houppier	29,89 ± 8,09	28,57 ± 8,69	29 ± 6,79	26,74 ± 6,72
Hors houppier	28,56 ± 7,26	29,63 ± 7,81	26,49 ± 9,45	16,42 ± 6,9
Moyenne	**29,22 ± 7,68**	**29,1 ± 8,25**	**27,75 ± 8,12**	**21,58 ± 6,80**
Probabilité	**0,0294***	**0,0943^{ns}**	**0,0045****	**0,0000*****

*P=probabilité, ns (non significatif)= P>0,05, *=p<0,05, **=p<0,01, ***=P<0,001.*

III.7.1.1.4 Influence des interactions sur la dynamique des cendres

Le suivi de la dynamique globale (Figure 21) des cendres durant un an d'incubation de litières foliaires de *J. curcas* et *J. gossypifolia* dans trois stations (Maroua, Ngong et Ngaoundéré) et dans deux microstations (sous et hors houppier) montre en général deux tendances. Les traitements dont la teneur en cendres diminue dans les litières en décomposition entre deux et six semaines d'incubation, puis soit stabilise: *J. gossypifolia* sous houppier et hors houppier de la station de Maroua (JGSHM, JGHHM), soit augmentent: *J. curcas* sous houppier de la station de Maroua (JCSHM) et de Ngong (JCSHG). La deuxième tendance concerne les traitements pour lesquels, la teneur en cendres augmente dans les litières en décomposition dès le début de l'incubation des litières sur le terrain: *J. curcas* hors houppier à Ngaoundéré (JCHHN), *J. curcas* hors houppier à Ngong (JCHHG) et *J. gossypifolia* sous houppier à Ngong (JGSHG). Cette augmentation enrichit les litières en cendres.

Les minéraux contenus dans la matière première sont un bon indicateur du taux de cendre à l'issu de la combustion. Plus le combustible est riche en minéraux, plus les cendres à l'issue de la combustion contiendront des minéraux (Guerrere et Fanny, 2013).

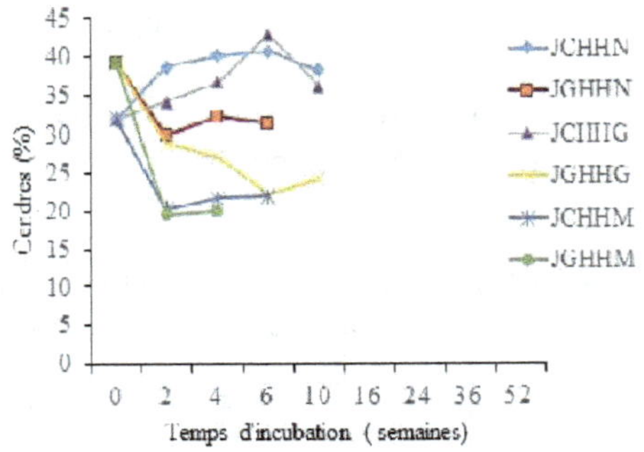

b) Hors houppier

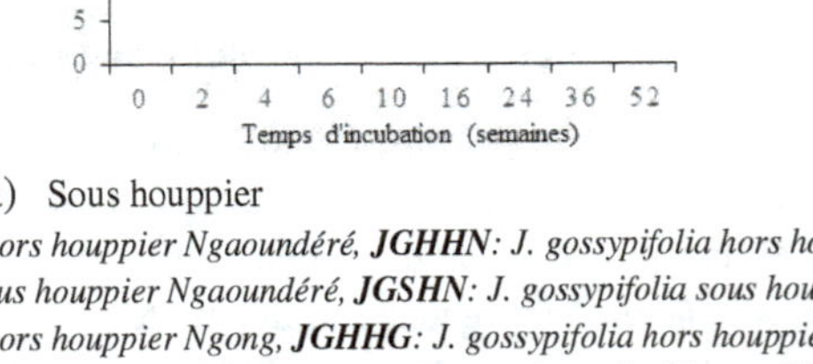

a) Sous houppier

***JCHHN**: J. curcas hors houppier Ngaoundéré, **JGHHN**: J. gossypifolia hors houppier Ngaoundéré, **JCSHN**: J.curcas sous houppier Ngaoundéré, **JGSHN**: J. gossypifolia sous houppier Ngaoundéré, **JCHHG**: J. curcas hors houppier Ngong, **JGHHG**: J. gossypifolia hors houppier Ngong, **JCSHG**: J. curcas sous houppier Ngong, **JGSHG**: J. gossypifolia sous houppier Ngong, **JCHHM**: J. curcas hors houppier Maroua, **JGHHM**: J. gossypifolia hors houppier Maroua, **JCSHM**: J. curcas sous houppier Maroua, **JGSHM**: J.gossypifolia sous houppier Maroua*

Figure 21: Dynamique des cendres durant un an d'incubation des litières

Les interactions pour la teneur en cendres sont significatives lors de la décomposition des litières (Tableau 19). Ceci suggère que toutes les interactions ont un effet significatif sur la décomposition de litière de *Jatropha*.

Tableau 19: Valeurs de probabilité des cendres selon les interactions durant l'incubation des litières

Interactions/Semaines	2	4	6	10
Station*espèce	$0,0000^{***}$	$0,0000^{***}$	$0,0302^{*}$	$0,0000^{***}$
Station*microstation	$0,0002^{***}$	$0,0000^{***}$	$0,0000^{***}$	$0,0000^{***}$
Espèce*microstation	$0,0000^{***}$	$0,0000^{***}$	$0,0000^{***}$	$0,0010^{**}$
Station*espèce*microstation	$0,0000^{***}$	$0,0000^{***}$	$0,0000^{***}$	$0,0000^{***}$

*P=probabilité, *=P<0,05, **=P<0,01, ***=P<0,001.*

III.7.1.2 Dynamique du phosphore

III.7.1.2.1 Effet espèce

La teneur en phosphore des litières décroît progressivement au bout de dix semaines d'incubation des litières sur le terrain pour les deux espèces (tableau 20), correspondant à un enrichissement du sol par cet élément. La concentration en phosphore diffère significativement entre les deux espèces (0,000 < 0,001) au cours des dix semaines d'incubation. Elle est plus faible chez la litière de *J. curcas* que chez celle de *J. gossypifolia*, à l'exception de la dixième semaine d'incubation où cette teneur en phosphore est plus faible chez *J. gossypifolia* que chez celle de *J. curcas*.

La dynamique de la teneur en phosphore est plus rapide chez *J. gossypifolia* que chez *J. curcas*. En effet, la perte totale de phosphore au bout de dix semaines d'incubation chez *J. gossypifolia* est de 38,13 mg/100gMS et représente 58,70 % de perte par rapport à la valeur initiale. Par contre, chez *J. curcas*, cette perte durant la même période est 10,83 mg/100gMS et représente 21,54 % de perte par rapport à la valeur initiale. Cette différence de la dynamique de phosphore au cours de la décomposition des litières entre les deux espèces s'expliquerait par la différence des qualités physico-chimiques de ces deux litières comme pour le cas des cendres. La libération lente de phosphore a été relevée par Ibrahima *et al.* (2011) sur l'étude faite sur dix espèces de la localité d'Ebom au Sud-ouest Cameroun.

Tableau 20: Teneur de phosphore (mg/100gMS) des litières de J. curcas et J. gossypifolia, décomposées pendant 10 semaines sur le terrain

Espèces/ Semaines	0	2	4	6	10
J. curcas	50,27 ± 0,46	44,74 ± 18,32	43,20 ± 16,62	43,10 ± 14,87	39,44 ± 19,83
J. gossypifolia	64,96 ± 0,04	52,70 ± 6,61	50,20 ± 9,60	44,68 ± 6,29	26,83 ± 8,59
Moyenne	**57,61 ± 0,25**	**48,72 ± 14,07**	**46,70 ± 13,74**	**43,89 ± 12,71**	**33,14 ± 16,45**
Probabilité	**0,0005*****	**0,0000*****	**0,0000*****	**0,0007*****	**0,0000*****

*P=probabilité, ***=P<0,001.*

III.7.1.2.2 Effet station

Au bout de deux semaines d'incubation, la teneur en phosphore est la plus faible dans la station de Ngong (40,92 ± 17,04 mg/100gMS), la plus élevée dans la station de Ngaoundéré (58,92 ± 11,53 mg/100gMS) et intermédiaire à Maroua (46,25 ± 5,50 mg/100gMS). Par contre au bout des dix semaines d'incubation, cette teneur en phosphore de litière est la plus faible dans la station de Maroua (25,12 ± 0,29 mg/100gMS), la plus élevée dans la station de Ngong (40,77 ± 17,65 mg/100gMS) et intermédiaire dans la station de Ngaoundéré (33,52 ± 3,41 mg/100gMS).

La dynamique de phosphore dans la station de Ngaoundéré plus humide diffère de celle des autres stations (Maroua et Ngong) plus sèches. En effet, au bout de deux semaines d'incubation dans la station de Ngaoundéré, les litières s'enrichissent en phosphore (2,27 % de gain de phosphore par rapport à la valeur initiale) avant de diminuer par la suite. Par contre, dans les autres stations le phosphore diminue au début de l'incubation. Cette augmentation de phosphore dans les litières au début de l'incubation dans la station de Ngaoundéré s'expliquerait par le phosphore apporté par les microorganismes. L'humidité de cette station qui favorise l'activité biologique permet la mobilisation de beaucoup de microorganismes sur les litières et augmente la concentration de phosphore (Meentemeyer, 1978; Berg *et al.*, 1984).

La dynamique de phosphore est la plus rapide dans la station de Maroua et la plus lente dans la station de Ngong. En effet, la perte de phosphore au bout des dix semaines d'incubation est de 32,49 mg/100gMS à Maroua, de 24,09 mg/100gMS à Ngaoundéré et 16,84 mg/100gMS à Ngong. Ceux-ci représentent 56,40 %, 41,82 % et 29,23 % de perte par rapport à la valeur initiale respectivement à Maroua, Ngaoundéré et Ngong. Ces différences s'expliqueraient par la différence des conditions climatiques régnant dans ces stations, en particulier les radiations solaires à Maroua et l'humidité à Ngaoundéré.

Tableau 21: Teneur de phosphore (mg/100gMS) des litières de Jatropha, décomposées pendant 10 semaines sur le terrain, dans les 3 stations de Maroua, Ngong et Ngaoundéré.

Stations/Semaines	2	4	6	10
Ngaoundéré	58,92 ±11,53^a	52,02 ± 9,99^a	55,69 ± 7,35^a	33,52 ± 3,41^b
Ngong	40,92 ±17,04^c	40,67 ± 20,0^c	40,13 ± 16,08^b	40,77 ± 17,65^a
Maroua	46,25 ± 5,50^b	47,41 ± 6,80^b	35,87 ± 6,84^c	25,12 ± 0,29^c
Moyenne	**48,72 ± 14,07**	**46,70 ± 13,74**	**43,89 ± 12,71**	**33,14 ± 16,45**
Probabilité	**0,0000*****	**0,0000*****	**0,0000*****	**0,0000*****

*P=probabilité, ***=P<0,001. Les valeurs portant les mêmes lettres en colonne indiquent que les traitements ne sont pas significativement différents P>0,05.*

III.7.1.2.3 Effet microstation

La teneur en phosphore varie significativement dans les microstations lors de la décomposition de litière. La teneur de phosphore diminue au cours de l'incubation dans les deux microstations (Tableau 22), néanmoins une légère augmentation est observée à la sixième semaine d'incubation dans la microstation sous houppier (47,83 ± 14,80 mg/100gMS). La dynamique de phosphore au cours de dix semaines d'incubation est plus rapide hors houppier que celle sous houppier. En effet la perte de phosphore au bout de dix semaines est significativement plus élevée dans la microstation hors houppier (32,86 mg/100gMS) que celle sous houppier (16,09 mg/100gMS), soit 57,04 % et 27,93 % par rapport à la valeur initiale respectivement hors houppier et sous houppier. Cette différence s'expliquerait par les conditions climatiques, en particulier les effets des radiations solaires.

Tableau 22: Teneur de phosphore (mg/100gMS) des litières de Jatropha, décomposées pendant 10 semaines sur le terrain, sous et hors houppier

Microstations/Semaines	2	4	6	10
Sous houppier	47,91 ± 15,30	46,08 ± 16,16	47,83 ± 14,80	41,52 ± 17,05
Hors houppier	49,53 ± 13,35	47,33 ± 11,53	39,96 ±10,44	24,75 ± 16,99
Moyenne	**48,72 ± 14,07**	**46,70 ± 13,74**	**43,89 ± 12,71**	**33,14 ± 16,45**
Probabilité	**0,0000*****	**0,0008*****	**0,0000*****	**0,0000*****

P=probabilité,
****=P<0,001.*

87

III.7.1.2.4 Influence des interactions sur la dynamique du phosphore

En général la dynamique du phosphore (Figure 22) lors de l'incubation des litières foliaires présente deux phases. Une première phase décroissante à deux semaines et la deuxième phase stationnaire ou croissante qui va jusqu'à la fin de l'incubation. Certains traitements ne suivent pas cette tendance, mais plutôt l'alternance entre phase de libération et phase d'accumulation. C'est le cas de *Jatropha curcas* dans la microstation hors houppier de Maroua (JCHHM) et sous houppier de Ngaoundéré (JCSHN). *J. curcas* dans la microstation hors houppier de Ngaoundéré (JCHHN) quant à lui, débute avec l'alternance de phase par une accumulation de phosphore. Abugre *et al.* (2011) ont trouvé également que la dynamique de phosphore dans les feuilles mortes de *Jatropha curcas* en décomposition était irrégulière. Mais le phosphore avait été immobilisé dans la litière pendant les 30 premiers jours (quatre semaines) et la minéralisation s'est produite à 60 jours (huit semaines).

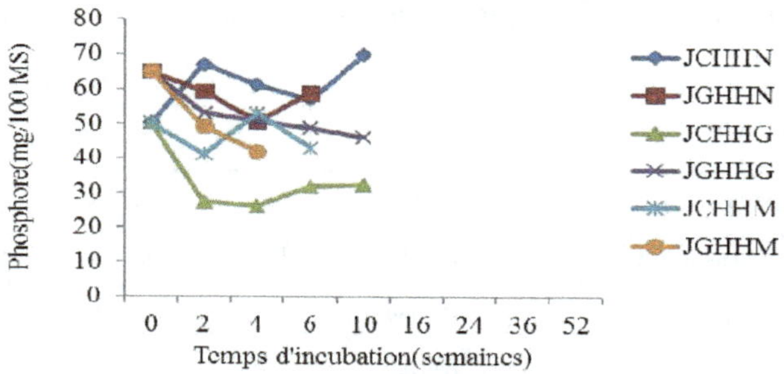

b) Hors houppier

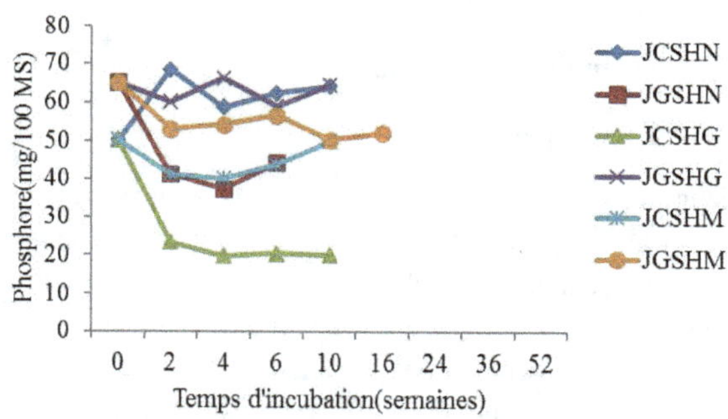

a) Sous houppier

***JCHHN**: J. curcas hors houppier Ngaoundéré, **JGHHN**: J. gossypifolia hors houppier Ngaoundéré, **JCSHN**: J. curcas sous houppier Ngaoundéré, **JGSHN**: J. gossypifolia sous houppier Ngaoundéré, **JCHHG**: J. curcas hors houppier Ngong, **JGHHG**: J. gossypifolia hors houppier Ngong, **JCSHG**: J. curcas sous houppier Ngong, **JGSHG**: J. gossypifolia sous houppier Ngong, **JCHHM**: J. curcas hors houppier Maroua, **JGHHM**: J. gossypifolia hors houppier Maroua, **JCSHM**: J. curcas sous houppier Maroua, **JGSHM**: J.gossypifolia sous houppier Maroua*

Figure 22: Dynamique du phosphore durant un an d'incubation des litières

La teneur en phosphore pour toutes les interactions possibles entre station, espèce et microstation varie significativement à chaque date de prélèvement des échantillons (Tableau 23). Ce qui suggère leurs effets significatifs sur la décomposition de litière de *Jatropha*.

Tableau 23: Valeurs des probabilités des différentes interactions durant d'incubation des litières

Interactions/Semaines	2	4	6	10
Station*espèce	0,0000***	0,0000***	0,0000***	0,0000***
Station*microstation	0,0000***	0,0000***	0,0000***	0,0000***
Espèce*microstation	0,0069**	0,0000***	0,0000***	0,0000***
Station*espèce*microstation	0,0000***	0,0000***	0,0000***	0,0000***

*P=probabilité, **=P<0,01,*
****=P<0,001.*

III.7.1.3 Dynamique du calcium

III.7.1.3.1 Effet espèce

Par leur teneur en calcium, l'espèce *Jatropha curcas* diffère significativement de l'espèce *J.gossypifolia* de la quatrième semaine jusqu'à la dixième semaine d'incubation (Tableau 24). Le taux de calcium diminue dans les litières lors de la décomposition de litière correspondant ainsi à un enrichissement du sol par cet élément. Par rapport à leur teneur initiale, l'espèce *Jatropha curcas* a libéré au bout des dix semaines d'incubation 13,64 ± 0,07 contre 58,73 ± 0,15 % de calcium chez l'espèce *J. gossypifolia*.

Tableau 24: Teneur en calcium (%) des litières de J. curcas et J. gossypifolia, décomposées pendant 10 semaines sur le terrain.

Espèces/Semaines	0	2	4	6	10
J. curcas	1,10 ± 0,04	1,03 ± 0,15	1,08 ± 0,21	1,16 ± 0,22	0,95 ± 0,10
J. gossypifolia	1,26 ± 0,06	0,99 ± 0,27	0,99 ± 0,24	0,84 ± 0,15	0,52 ± 0,25
Moyenne	**1,18 ± 0,05**	**1,01 ± 0,22**	**1,03 ± 0,23**	**1,00 ± 0,20**	**0,73 ± 0,17**
Probabilité	**0,0887ns**	**0,0787ns**	**0,0004*****	**0,0000******	**0,0000*****

*P=probabilité, ns (non significatif)= P>0,05, ***=P<0,001.*

III.7.1.3.2 Effet station

La teneur en calcium dans les litières décomposées sur le terrain varie significativement entre les stations (0,0000 < 0,001). Le test de Duncan montre que durant les quatre premières semaines d'incubation, une similitude entre la station de Ngaoundéré et celle de Ngong. Les trois stations diffèrent les unes des autres de la sixième à la dixième semaine d'incubation par leur concentration en calcium (Tableau 25). La station de Maroua est celle qui a libéré le plus du calcium car son taux est le plus faible (0,52 ± 0,15) dans la litière à dix semaines d'incubation.

Tableau 24: Teneur de calcium (%) des litières de Jatropha, décomposées sur le terrain, dans les 3 stations de Maroua, Ngong et Ngaoundéré

Stations/ Semaines	2	4	6	10
Ngaoundéré	$1,09 \pm 0,08^a$	$1,12 \pm 0,23^a$	$1,19 \pm 0,13^a$	$0,59 \pm 0,13^a$
Ngong	$1,14 \pm 0,24^a$	$1,12 \pm 0,25^a$	$1,12 \pm 0,24^b$	$1,08 \pm 0,20^b$
Maroua	$0,80 \pm 0,11^b$	$0,86 \pm 0,05^b$	$0,68 \pm 0,08^c$	$0,52 \pm 0,15^c$
Moyenne	**1,01 ± 0,22**	**1,03 ± 0,23**	**1,00 ± 0,20**	**0,73 ± 0,17**
Probabilité	**0,0000*****	**0,0000******	**0,0000*****	**0,0000*****

*P=probabilité, ***=P<0,001. Les valeurs portant les mêmes lettres en colonne indiquent que les traitements ne sont pas significativement différents P>0,05.*

III.7.1.3.3 Effet microstation

La teneur de calcium diffère significativement entre les microstations à chaque date de prélèvement (0,0000 < 0,001), à l'exception de la quatrième semaine d'incubation (0,57 > 0,05) (Tableau 26). Une baisse du taux de calcium est observée au cours de la décomposition de litières. Cette baisse a été rapportée par Mapongmetsem *et al.* (2005) sur les litières des savanes soudano-guinéenne du Cameroun. La dynamique de calcium dans les litières en décomposition est plus rapide dans la microstation hors houppier que celle sous houppier. En effet, la perte de calcium à dix semaines d'incubation est plus faible en microstation sous houppier (0,25 %) que celle hors houppier (0,63 %), soit un taux respectif de 21,19 % et 53,39 par rapport à la valeur initiale. Cette différence s'expliquerait par les effets de radiations solaires (Kalba, 2006; Abugre *et al.* 2011).

Tableau 25: Concentration en calcium (%) des litières de Jatropha, décomposées pendant 10 semaines sur le terrain, sous et hors houppier

Microstations/ Semaines	2	4	6	10
Sous houppier	1,07 ± 0,24	1,03 ± 0,23	1,07 ± 0,14	0,93 ± 0,16
Hors houppier	0,95 ± 0,17	1,04 ± 0,24	0,92 ± 0,26	0,53 ± 0,20
Moyenne	**1,01 ± 0,22**	**1,03 ± 0,23**	**1,00 ± 0,20**	**0,73 ± 0,17**
Probabilité	**0,0000****	**0,5774ns**	**0,0000****	**0,0000***

*P=probabilité, ns (non significatif)= P>0,05, ***=P<0,001.*

III.7.1.3.4 Influence des interactions sur la dynamique du calcium

Les courbes d'évolution de la teneur du calcium montrent à deux semaines d'incubation une diminution du taux de calcium presque pour tous les traitements (Figure 23). Par contre une augmentation du calcium est notée à cette date de prélèvement pour *Jatropha gossypifolia* sous houppier à Ngong (JGSHG) et celui de *J. curcas* hors houppier à Ngaoundéré (JCHHN) dont l'accumulation du calcium va jusqu'à quatre semaines alors que celui de *J. curcas* hors houppier à Ngong (JCHHG) atteint six semaines avant de baisser. Ensuite, il apparait une plus longue phase stationnaire du calcium pour la plus part des traitements. Mais néanmoins certains se démarquent à l'instar de *J. gossypifolia* dans la microstation sous houppier à Ngaoundéré (JGSHN) dont la phase de libération se prolonge à quatre semaines puis une accumulation du calcium dans la litière sans toutefois présenter une phase d'immobilisation. Abugre *et al.* (2011) ont trouvé que le pourcentage de calcium restant dans la litière résiduelle de *Jatropha curcas* augmente à 30 jours (huit semaines), puis diminue brusquement à 90 jours (douze semaine).

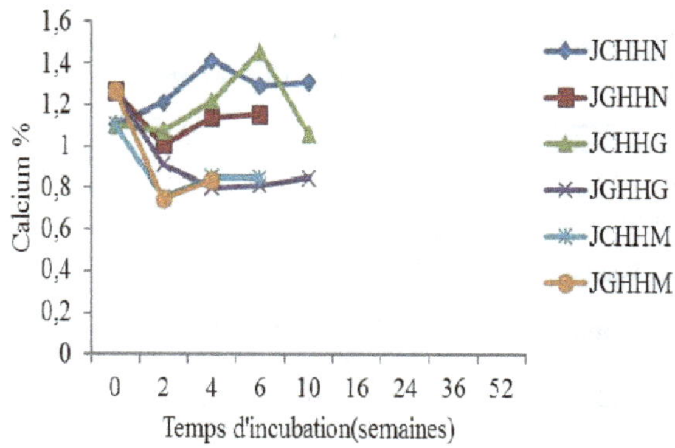

b) Hors houppier

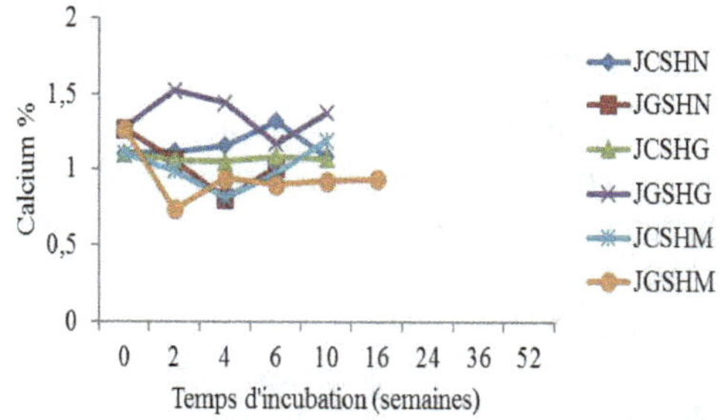

a)Sous houppier

***JCHHN**: J. curcas hors houppier Ngaoundéré, **JGHHN**: J. gossypifolia hors houppier Ngaoundéré, **JCSHN**: J.curcas sous houppier Ngaoundéré, **JGSHN**: J. gossypifolia sous houppier Ngaoundéré, **JCHHG**: J. curcas hors houppier Ngong, **JGHHG**: J. gossypifolia hors houppier Ngong, **JCSHG**: J. curcas sous houppier Ngong, **JGSHG**: J. gossypifolia sous houppier Ngong, **JCHHM:** J. curcas hors houppier Maroua, **JGHHM**: J. gossypifolia hors houppier Maroua, **JCSHM**: J. curcas sous houppier Maroua, **JGSHM**: J.gossypifolia sous houppier Maroua*

Figure 23: Dynamique du calcium dans les litières décomposées sur le terrain

Toutes les interactions entre les différents traitements sont significatives à toutes les dates de prélèvements en ce qui concerne la teneur en calcium dans les litières de *Jatropha curcas* et *Jatropha gossypifolia* décomposées dans les trois stations (Maroua, Ngong et Ngaoundéré) sous et hors houppier pendant 52 semaines (Tableau 27).

Tableau 27: Valeurs de probabilité des différentes interactions durant dix semaines d'incubation des litières sur le terrain

Interactions/Semaines	2	4	6	10
Station*espèce	0,0001***	0,0000***	0,0015***	0,0000***
Station*microstation	0,0001***	0,0000***	0,0000***	0,0000***
Espèce*microstation	0,0005***	0,0000***	0,0000***	0,0002***
Station*espèce*microstation	0,0000***	0,0000***	0,0000***	0,0000***

*P=probabilité, ***=P<0,001.*

III.7.1.4 Dynamiques du magnésium

III.7.1.4.1 Effet espèce

En général, la teneur de magnésium diminue dans les litières de *Jatropha* au cours de leur décomposition, ceci correspond à un enrichissement du sol en cet élément. Les tests statistiques révèlent l'absence d'une différence significative au début de l'expérience entre *Jatropha curcas* et *Jatropha gossypifolia* en ce qui concerne les concentrations en magnésium. Cette dernière varie très significativement entre les deux espèces vers la fin de la décomposition de litière (Tableau 28). Par rapport à leur teneur initiale, *Jatropha curcas* a libéré 34,73 ± 22,67 % de son magnésium initial contre 69,63 ± 32,37 % chez *Jatropha gossypifolia* à dix semaines d'incubation. La dynamique de magnésium au cours de la décomposition de litières est donc plus rapide chez *J. gossypifolia* que celle de *J. curcas*. Cette différence peut s'explique par la différence de leur caractéristique physico-chimique de leur litière.

Tableau 26: Teneur de magnésium (mg/100gMS) des litières de J. curcas et J. gossypifolia, décomposées pendant 10 semaines dans les litières durant l'incubation

Espèces/ Semaines	0	2	4	6	10
J. curcas	268,42±21,46	191,92±38,54	193,34±46,43	214,28±46,10	175,18±23,88
J. gossypifolia	305,32±11,12	188,03±52,34	180,87±48,53	139,02 ±42,41	92,71±53,65
Moyenne	**286,87±16,29**	**189,97±44,99**	**187,10±46,88**	**176,65±49,68**	**133,94±38,14**
Probabilité	**0,1636^{ns}**	**0,6720^{ns}**	**0,1884^{ns}**	**0,0000*****	**0,0000*****

*P=probabilité, ns (non significatif)= P>0,05, ***=P<0,001.*

III.7.1.4.2 Effet station

La teneur en magnésium varie significativement (0,000 < 0,001) entre les stations durant l'incubation (Tableau 29). De façon générale, une diminution du magnésium est observée dans les litières. Par ailleurs le test de Duncan montre une similitude entre la station de Ngaoundéré et celle de Ngong de la deuxième à la sixième semaine d'incubation. À dix semaines d'incubation, ces trois stations diffèrent significativement entre elles par leur concentration en magnésium. Les litières décomposées dans la station de Maroua libèrent plus du magnésium (204,43 mg/100gMS), celles décomposées dans la station de Ngong moins du magnésium (81,59 mg/100gMS) et celles décomposées dans la station de Ngaoundéré ont une libération intermédiaire (172,76 mg/100gMS). Cela représente un taux de perte par rapport à la valeur initiale de 71,22 %, 28,44 % et 60,22 % respectivement pour les stations de Maroua, Ngong et Ngaoundéré.

Tableau 27: Teneur de magnésium (mg/100gMS) des litières de Jatropha, décomposées pendant 10 semaines sur le terrain, dans les 3 stations de Maroua, Ngong et Ngaoundéré

Stations/Semaines	**2**	**4**	**6**	**10**
Ngaoundéré	203,21 ± 30,91[a]	204,80 ± 46,53[a]	207,24 ± 44,66[a]	114,11 ± 9,89[b]
Ngong	221,88 ± 38,67[a]	211,57 ± 39,89[a]	213,09 ± 46,70[a]	205,28 ± 37,31[a]
Maroua	144,83 ± 22,55[b]	144,94 ± 19,81[b]	109,62 ± 30,33[b]	82,44 ± 33,94[c]
Moyenne	**189,97 ± 44,99**	**187,10 ± 46,88**	**176,65 ± 49,68**	**133,94 ± 38,14**
Probabilité	**0,0000*****	**0,0001*****	**0,0000*****	**0,0000*****

*P=probabilité, ***=P<0,001. Les valeurs portant les mêmes lettres en colonne indiquent que les traitements ne sont pas significativement différents P>0,05.*

III.7.1.4.3 Effet microstation

La teneur en magnésium dans les litières décomposées dans la microstation sous houppier diffère significativement (0,000 < 0,001) de celle des litières décomposées dans la microstation hors houppier uniquement à dix semaines d'incubation (Tableau 30). Globalement, il existe une baisse progressive du taux de magnésium dans les litières lors de leur décomposition. À dix semaines d'incubation, les litières décomposées dans la microstation hors houppier sont celles qui ont libéré plus de magnésium (181,84 mg/100gMS) que celles des litières décomposées dans la microstation sous houppier (124,01mg/100gMS), avec des taux de perte respectif de 63,39 % et 43,23 % par rapport à la valeur initiale.

Tableau 28: Teneur de magnésium (mg/100gMS) des litières de Jatropha, décomposées pendant 10 semaines sur le terrain, sous et hors houppier

Microstations/ Semaines	**2**	**4**	**6**	**10**
Sous houppier	189,35 ± 49,12	179,94 ± 54,03	186,94 ± 47,70	162,86 ± 41,68
Hors houppier	190,60 ± 42,65	194,27 ± 39,55	166,36 ± 53,68	105,03 ± 32,83
Moyenne	**189,97 ± 44,99**	**187,10 ± 46,88**	**176,65 ± 49,68**	**133,94 ± 38,14**
Probabilité	**0,8908[ns]**	**0,1350[ns]**	**0,0683[ns]**	**0,0000*****

*P=probabilité, ns (non significatif)= P>0,05, ***=P<0,001.*

III.7.1.4.4 Influence des interactions sur la dynamique du magnésium

Une chute de la teneur en magnésium des litières en décomposition est notée durant les deux premières semaines de leur incubation, suivie d'une phase d'immobilisation qui n'est pas assez nette pour tous les traitements (Figure 24). L'absence de tendance nette de la dynamique des nutriments a été rapportée par plusieurs auteurs notamment Ibrahima *et al.* (2002) et Leuga (2010).

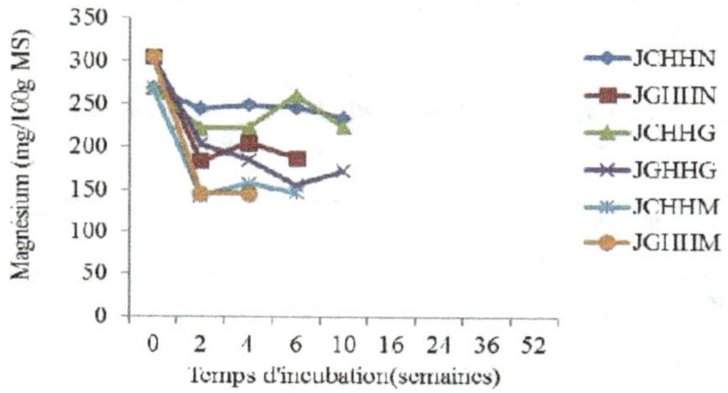

b) Hors houppier

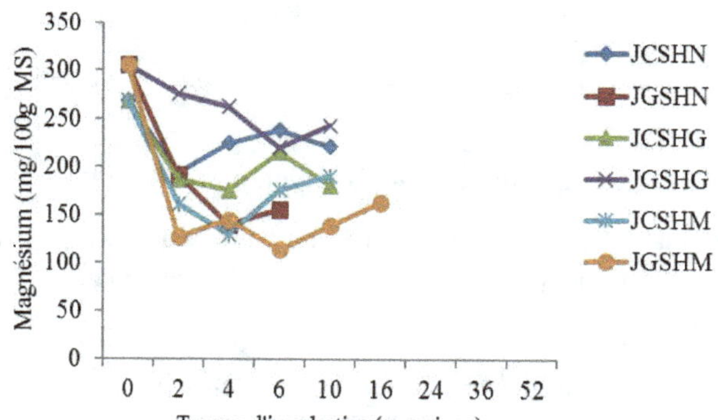

a) Sous houppier

***JCHHN**: J. curcas hors houppier Ngaoundéré, **JGHHN**: J. gossypifolia hors houppier Ngaoundéré, **JCSHN**: J.curcas sous houppier Ngaoundéré, **JGSHN**: J. gossypifolia sous houppier Ngaoundéré, **JCHHG**: J. curcas hors houppier Ngong, **JGHHG**: J. gossypifolia hors houppier Ngong, **JCSHG**: J. curcas sous houppier Ngong, **JGSHG**: J. gossypifolia sous houppier Ngong, **JCHHM**: J. curcas hors houppier Maroua, **JGHHM**: J. gossypifolia hors houppier Maroua, **JCSHM**: J. curcas sous houppier Maroua, **JGSHM**: J.gossypifolia sous houppier Maroua*

Figure 24: Dynamique du magnésium durant un an d'incubation des litières

Le tableau 31 ressort les probabilités d'interactions entre différents facteurs en ce qui concerne l'élément magnésium dans les litières décomposées pendant un an sur le terrain. L'interaction station*espèce influence la dynamique de magnésium, excepté à six semaines (0,1243 > 0,05). Cette exception est également notée à quatre semaines (0,0567 > 0,05) pour l'interaction station*microstation, à quatre et à dix semaines pour l'interaction espèce*microstation. S'agissant de l'interaction station*espèce*microstation, elle influence la dynamique de magnésium durant toute la période d'incubation de litière sur le terrain.

Tableau 29: Valeurs des probabilités des différentes interactions durant dix semaines d'incubation des litières

Interactions/Semaines	2	4	6	10
Station*espèce	$0{,}0242^{*}$	$0{,}0041^{**}$	$0{,}1243^{ns}$	$0{,}0000^{***}$
Station*microstation	$0{,}2194^{*}$	$0{,}0567^{ns}$	$0{,}0110^{*}$	$0{,}0000^{***}$
Espèce*microstation	$0{,}0318^{*}$	$0{,}0604^{ns}$	$0{,}0165^{*}$	$0{,}1209^{ns}$
Station*espèce*microstation	$0{,}0193^{*}$	$0{,}0088^{**}$	$0{,}0442^{*}$	$0{,}0022^{**}$

*P=probabilité, ns (non significatif)= P>0,05, *=p<0,05, **=p<0,01, ***=P<0,001.*

III.7.2 Dynamique des composés organiques

Les matières organiques, polyphénols, cellulose, lignine, carbone et azote ont été suivie lors de la décomposition des litières foliaires de *J. curcas* et *J. gossypifolia.*

III.7.2.1 Dynamique des matières organiques

III.7.2.1.1 Effet espèce

De façon générale, on note une diminution de la teneur en matières organiques dans les litières au cours des dix semaines de leur incubation sur le terrain (Tableau 32). Ce pendant une augmentation de la teneur en matières organiques est notée chez les deux espèces dans les quatre premières semaines d'incubation. Les deux espèces diffèrent significativement par leur perte en matières organiques dans les litières lors de leur décomposition. Cette perte au bout de dix semaines d'incubation est plus faible chez *Jatropha curcas* que chez *Jatropha gossypifolia* avec des valeurs respectives 19,77 % et 62,22 % par rapport à leurs teneurs initiales. La différence entre les deux espèces s'expliquerait par la différence de leurs caractéristiques physico-chimiques initiales.

Tableau 30: Teneur en matières organiques (%) dans les litières de J. curcas et J.gossypifolia, décomposées pendant 10 semaines sur le terrain

Espèces/Semaines	0	2	4	6	10
J. curcas	68,37 ± 1,59	70,38 ± 6,20	70,17 ± 7,58	67,04 ± 8,22	54,85 ± 2,86
J. gossypifolia	61,17 ± 1,41	71,68 ± 8,79	72,07 ± 8,71	61,25 ± 6,25	23,08 ± 10,96
Moyenne	**64,77 ± 1,50**	**71,03 ±7,47**	**71,12 ± 8,04**	**64,14 ± 7,94**	**38,97 ± 6,00**
Probabilité	**0,0411***	**0,0308***	**0,0065****	**0,0000*****	**0,0000*****

*P=probabilité, *=P<0,05, **=P<0,01, ***=P<0,001.*

III.7.2.1.2 Effet station

L'analyse de variance indique une différence très significative (0,0000 < 0,001) entre les stations à chaque date de prélèvement (Tableau 33). La teneur des matières organiques décroît en général dans les litières au cours de leur décomposition, néanmoins une légère hausse est observée à la quatrième semaine d'incubation dans la station de Ngaoundéré (68,11 ± 6,63 %) et à la sixième semaine d'incubation dans la station de Ngong (67,44 ± 8,04 %). La station de Ngaoundéré est celle qui a le plus libéré les matières organiques car elle a la plus faible teneur en matières organiques dans la litière à dix semaines d'incubation.

Tableau 31: Teneur en matières organiques (%) dans les litières de Jatropha, décomposées pendant 10 semaines sur le terrain, dans les 3 stations de Maroua, Ngong et Ngaoundéré

Stations	2	4	6	10
Ngaoundéré	67,60 ± 3,85^{b}	68,11 ± 6,63^{b}	66,44 ± 6,37^{a}	31,83 ± 1,86^{c}
Ngong	66,45 ± 6,93^{b}	66,36 ± 7,88^{c}	67,44 ± 8,04^{a}	48,04 ± 3,93^{a}
Maroua	79,05 ± 3,11^{a}	78,89 ± 1,16^{a}	58,55 ± 2,86^{b}	37,03± 5,30^{b}
Moyenne	**71,03 ±7,47**	**71,12 ± 8,04**	**64,14 ± 7,94**	**38,97 ± 6,00**
Probabilité	**0,0000*****	**0,0000*****	**0,0000*****	**0,0000*****

*P=probabilité, ***=P<0,001. Les valeurs portant les mêmes lettres en colonne indiquent que les traitements ne sont pas significativement différents P>0,05.*

III.7.2.1.3 Effet microstation

Les microstations diffèrent significativement entre elles lors de la décomposition de la litière, exceptée à la quatrième semaine d'incubation (0,11 > 0,05). La concentration des matières organiques décroît progressivement dans les litières en décomposition dans la microstation hors houppier. Par contre, une légère augmentation de la teneur en matières organiques dans les litières est observée en microstation sous houppier à la quatrième semaine d'incubation (Tableau 34). La dynamique de la matière organique dans les litières en décomposition est plus faible dans la microstation sous houppier que celle hors houppier. En effet la libération de la matière organique est plus faible dans la microstation sous houppier que celle hors houppier. À la fin de l'incubation, les pertes de la matière organique sont de 7,94 % et 43,67 % respectivement dans les microstations sous et hors houppier, soit un taux de perte de 12,26 % et 67,42 % par rapport à la valeur initiale de la matière organique dans les litières.

Tableau 32: Teneur en matières organiques (%) dans les litières de Jatropha, décomposées pendant 10 semaines sur le terrain, sous et hors houppier

Microstations	2	4	6	10
Microstations	**2**	**4**	**6**	**10**
Sous houppier	70,38 ± 7,99	71,62 ± 8,65	71,25 ± 6,69	56,83 ± 6,62
Hors houppier	71,69 ± 7,20	70,63 ± 7,74	57,04 ± 9,36	21,10 ± 1,32
Moyenne	**71,03 ±7,47**	**71,12 ± 8,04**	**64,14 ± 7,94**	**38,97 ± 6,00**
Probabilité	**$0,0303^{*}$**	**$0,1145^{ns}$**	**$0,0000^{***}$**	**$0,0000^{***}$**

P=probabilité, ns (non significatif)= P>0,05,=p<0,05, ***=P<0,001.*

III.7.2.1.4 Influence des interactions sur la dynamique des matières organiques

Concernant les matières organiques, leur dynamique est globalement contraire à ceux des cendres (Figure 25). On observe plutôt une première phase ascendante correspondant à l'accumulation, puis une phase d'immobilisation des matières organiques dans la litière au cours de la décomposition, à l'exception des traitements *Jatropha curcas* hors houppier de la station de Ngaoundéré (JCHHN), *Jatropha curcas* hors houppier de la station de Ngong (JCHHG) et *Jatropha gossypifolia* sous houppier de la station de Ngong (JGSHG). Pour ce dernier traitement, la concentration de la matière organique diminue dans les litières au début de l'incubation.

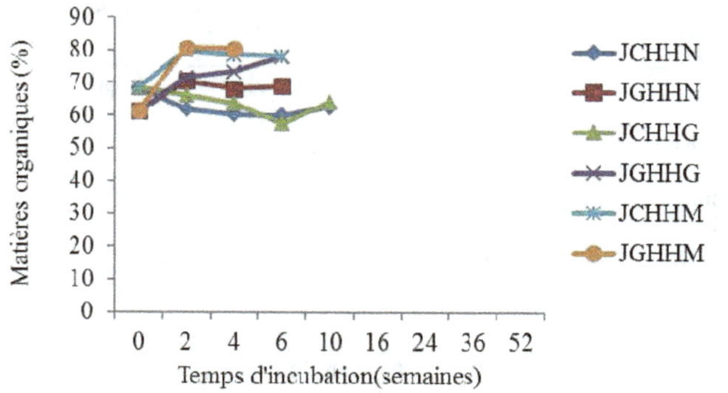

b) Hors houppier

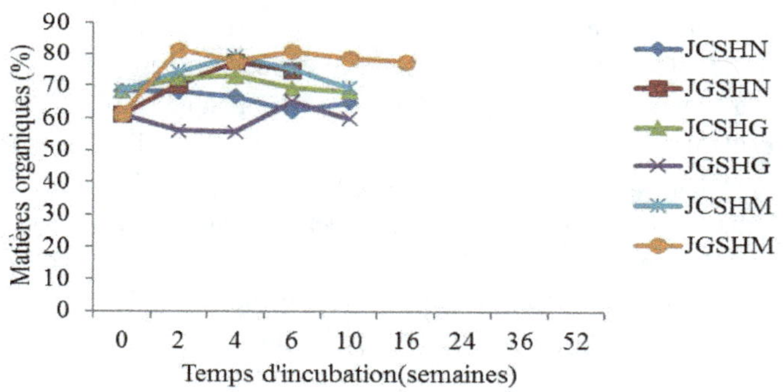

a) Sous houppier

***JCHHN**: J. curcas hors houppier Ngaoundéré, **JGHHN**: J. gossypifolia hors houppier Ngaoundéré, **JCSHN**: J.curcas sous houppier Ngaoundéré, **JGSHN**: J. gossypifolia sous houppier Ngaoundéré, **JCHHG**: J. curcas hors houppier Ngong, **JGHHG**: J. gossypifolia hors houppier Ngong, **JCSHG**: J. curcas sous houppier Ngong, **JGSHG**: J. gossypifolia sous houppier Ngong, **JCHHM**: J. curcas hors houppier Maroua, **JGHHM**: J. gossypifolia hors houppier Maroua, **JCSHM**: J. curcas sous houppier Maroua, **JGSHM**: J.gossypifolia sous houppier Maroua*

Figure 25: Dynamique des matières organiques durant un an d'incubation des litières

Les analyses de variance montrent que les différentes interactions des trois variables (espèce, station et microstation) sur la dynamique de la matière organique dans les litières en décomposition sont significatives (0,000 < 0,001) à toutes les dates de prélèvement (Tableau 35).

Tableau 33: Valeurs de probabilité des différentes interactions durant l'incubation des litières

Interactions/Semaines	2	4	6	10
Station*espèce	0,0000***	0,0000***	0,0000***	0,0000***
Station*microstation	0,0002***	0,0000***	0,0000***	0,0000***
Espèce*microstation	0,0000***	0,0000***	0,0000***	0,0000***
Station*espèce*microstation	0,0000***	0,0000***	0,0000***	0,0000***

*P=probabilité, ***=P<0,001.*

III.7.2.2 Dynamique des polyphénols

III.7.2.2.1 Effet espèce

La teneur en polyphénols dans les litières en décomposition varie significativement entre les espèces du début à la dixième semaine d'incubation (Tableau 36). Globalement, le pourcentage de ce composé dans les litières baisse au cours leur décomposition. La dynamique de libération des polyphénols dans les litières en décomposition est plus faible chez *Jatropha curcas* que chez *Jatropha gossypifolia.* En effet, la perte de polyphénols par rapport à la valeur initiale est plus faible chez *Jatropha curcas* (45,74 %) que chez *Jatropha gossypifolia* (63,86 %). Cette différence de la dynamique de polyphénols entre les deux espèces s'expliquerait par la différence des caractéristiques physico-chimiques initiales des litières de deux espèces.

Tableau 36: Pourcentage de polyphénols dans les litières de J. curcas et J. gossypifolia, décomposées pendant 10 semaines sur le terrain.

Espèces/Semaines	0	2	4	6	10
J. curcas	1,29 ± 0,08	0,86 ± 0,07	0,81 ± 0,09	0,81 ± 0,12	0,70 ± 0,05
J. gossypifolia	0,83 ± 0,06	0,61 ± 0,09	0,60 ± 0,12	0,47 ± 0,08	0,30 ± 0,06
Moyenne	**1,06 ± 0,07**	**0,73 ± 0,15**	**0,70 ± 0,14**	**0,64 ± 0,16**	**0,50 ± 0,12**
Probabilité	**0,0256 ***	**0,0000*******	**0,0000******	**0,0000******	**0,0000*******

*P=probabilité, *= P<0,05, ***=P<0,001.*

III.7.2.2.2 Effet station

Le pourcentage des polyphénols dans les litières en décomposition sur le terrain diffère significativement (0,0000 < 0,001) entre stations dans les quatre premières semaines et à la dixième semaine d'incubation des litières (Tableau 37). Par contre, à la sixième semaine d'incubation, les trois stations ne diffèrent pas significativement par la concentration des polyphénols dans les litières. Le test de Duncan montre une différence non significative entre la station de Ngaoundéré et celle de Ngong durant les dix semaines d'incubation.

La dynamique de la libération des polyphénols dans les litières en décomposition sur le terrain est la plus rapide à Maroua, la plus faible à Ngong et intermédiaire à Ngaoundéré. En effet, la perte au bout des dix semaines est 0,69 %, 0,35 % et 0,64 % respectivement à Maroua, Ngong et Ngaoundéré, soit un taux de perte par rapport à la valeur initiale de 65,09 %, 33,02 % et 60,38 %. Cette différence entre station s'expliquerait par les conditions climatiques des trois stations.

Tableau 34: Pourcentage de polyphénols dans les litières de Jatropha, décomposées pendant 10 semaines sur le terrain, dans les 3 stations de Maroua, Ngong et Ngaoundéré

Stations/Semaines	2	4	6	10
Ngaoundéré	$0,68 \pm 0,17^{b}$	$0,63 \pm 0,15^{b}$	$0,66 \pm 0,17^{a}$	$0,42 \pm 0,07^{ab}$
Ngong	$0,71 \pm 0,11^{b}$	$0,69 \pm 0,13^{b}$	$0,65 \pm 0,10^{a}$	$0,71 \pm 0,12^{a}$
Maroua	$0,81 \pm 0,14^{a}$	$0,79 \pm 0,11^{a}$	$0,62 \pm 0,17^{a}$	$0,37 \pm 0,12^{b}$
Moyenne	**0,73 ± 0,15**	**0,70 ± 0,14**	**0,64 ± 0,16**	**0,50 ± 0,12**
Probabilité	**$0,0000^{***}$**	**$0,0000^{***}$**	**$0,1018^{ns}$**	**$0,0000^{***}$**

*P=probabilité, ns (non significatif)= P>0,05, ***=P<0,001. Les valeurs portant les mêmes lettres en colonne indiquent que les traitements ne sont pas significativement différents P>0,05.*

III.7.2.2.3 Effet microstation

Le pourcentage en polyphénols varie significativement entre microstation à deux, quatre et dix semaines d'incubation (Tableau 38). Par contre, à la sixième semaine d'incubation la différence n'est pas significative (0,5539 > 0,05). La libération des polyphénols dans les litières est plus rapide dans la microstation hors houppier que celle sous houppier. Cette libération est de 0,66 % et 0,46 % respectivement dans la microstation hors houppier et sous houppier.

Cette différence s'expliquerait par les conditions climatiques qui règnent dans les deux microstations.

Tableau 35: Pourcentage de polyphénols dans les litières de Jatropha, décomposées pendant 10 semaines sur le terrain, sous et hors houppier

Microstations/Semaines	2	4	6	10
Sous houppier	0,69 ± 0,15	0,65 ± 0,13	0,64 ± 0,13	0,60 ± 0,12
Hors houppier	0,77 ± 0,14	0,76 ± 0,14	0,65 ± 0,17	0,40 ± 0,11
Moyenne	**0,73 ± 0,15**	**0,70 ± 0,14**	**0,64 ± 0,16**	**0,50 ± 0,12**
Probabilité	**0,0000****	**0,0000***	**0,5539ns**	**0,0000***

*P=probabilité, ns (non significatif)= P>0,05, ***=P<0,001.*

III.7.2.2.4 Influence des interactions sur la dynamique des polyphénols

Concernant la dynamique des polyphénols, après deux semaines d'incubation des litières foliaires de *Jatropha curcas* et de *Jatropha gossypifolia* sous houppier et hors houppier (Figure 26), le pourcentage des polyphénols baisse dans les litières. Ceci correspond la phase de libération rapide des polyphénols. Un comportement similaire des litières a été rapporté par Bernhard-Reversat *et al.* (2003). Ensuite, de deux à six semaines, il y'a stabilisation des polyphénols, puis une légère augmentation au-delà de six semaines pour *Jatropha curcas* sous et hors houppier dans la station de de Maroua (JCSHM, JCHHM), puis sous houppier dans la station de Ngong (JCSHG) et enfin hors houppier dans la station de Ngaoundéré (JCHHN).

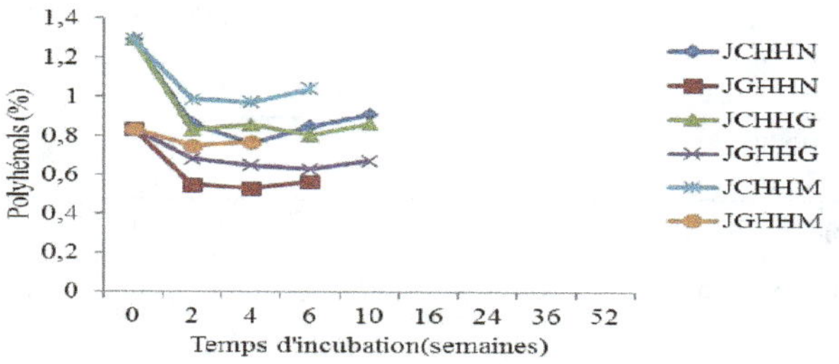

b) Hors houppier

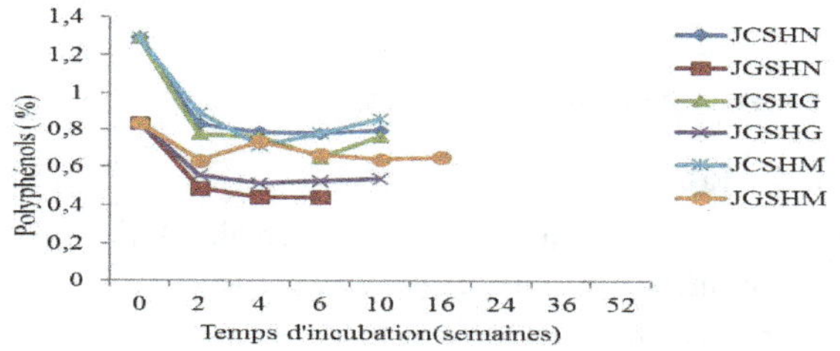

a) Sous houppier

***JCHHN**: J. curcas hors houppier Ngaoundéré, **JGHHN**: J. gossypifolia hors houppier Ngaoundéré, **JCSHN**: J. curcas sous houppier Ngaoundéré, **JGSHN**: J. gossypifolia sous houppier Ngaoundéré, **JCHHG**: J. curcas hors houppier Ngong, **JGHHG**: J. gossypifolia hors houppier Ngong, **JCSHG**: J. curcas sous houppier Ngong, **JGSHG**: J. gossypifolia sous houppier Ngong, **JCHHM**: J. curcas hors houppier Maroua, **JGHHM**: J. gossypifolia hors houppier Maroua, **JCSHM**: J. curcas sous houppier Maroua, **JGSHM**: J.gossypifolia sous houppier Maroua*

Figure 26: Dynamique des polyphénols durant un an d'incubation des litières

Le tableau 39 ressort les différentes interactions possibles entre les trois facteurs, espèce, station et microstation à chaque date de prélèvement. L'interaction station*espèce, à un effet significatif sur la libération des polyphénols à chaque date de prélèvement au cours des dix semaines d'incubation des litières de *Jatropha curcas* et de *Jatropha gossypifolia* sur le terrain. Pour les interactions de deux variables, station*microstation, et de trois variables, station*espèce*microstation, leurs effets significatifs sur la libération des polyphénols commencent à partir de la quatrième semaine d'incubation de litière. Par contre, l'effet de l'interaction, espèce*microstation, sur la libération des polyphénols commencent à partir de la sixième semaine incubation sur le terrain.

Tableau 36: Valeurs des probabilités des différentes interactions durant l'incubation des litières

Interactions/Semaines	2	4	6	10
Station*espèce	0,0009***	0,0001***	0,0000***	0,0000***
Station*microstation	0,1310ns	0,0079**	0,0000***	0,0000***
Espèce*microstation	0,1189ns	0,3518ns	0,0000***	0,0143*
Station*espèce*microstation	0,6389ns	0,0004***	0,0000***	0,0000***

*P=probabilité, P>0,05=ns (non significatif), *=p<0,05, **=p<0,01, ***=P<0,001.*

III.7.2.3 Dynamique de la cellulose

III.7.2.3.1 Effet espèce

Du début de l'incubation (deux à quatre semaines), l'analyse de variance ne montre pas de différence significative entre la teneur de cellulose dans les litières de *Jatropha curcas* et *Jatropha gossypifolia* (Tableau 40). Par contre, on note une différence significative vers la fin de l'incubation, notamment à six (0,0003 < 0,001) et dix semaines (0,0000 < 0,001).

Globalement, la teneur des deux litières en cellulose augmente dans les litières en décomposition à la deuxième (8,63 ± 2,07 %) et à la quatrième (8,87 ± 2,02 %) semaine d'incubation de litière sur le terrain puis commence à diminuer à la sixième (8,03 ± 2,56 %) et dixième semaine d'incubation (5,44 ± 2,17 %). L'augmentation de la teneur en cellulose dans les litières en décomposition suggère deux phénomènes qui ont lieu lors de la décomposition de litières. La libération rapide des éléments hydrosolubles et moins liés au début de l'incubation peut entrainer l'augmentation de la concentration des composés faiblement libérés comme la cellulose lignifiée. De même, la mobilisation des microorganismes décomposeurs, comme les champignons riches en cellulose, sur les litières en décomposition au début de l'incubation peut aussi entrainer l'augmentation de la concentration des composés faiblement libérés comme la cellulose lignifiée et la lignine. Une telle dynamique a été observée dans une chênaie en Grande-Bretagne (Mangenot, 1980; Bruckert *et al.*, 1971).

La dynamique de la cellulose dans les litières en décomposition est rapide chez *Jatropha gossypifolia* et lente chez *Jatropha curcas*. En effet, jusqu'à la dixième semaine d'incubation, il n'y a pas de libération de la cellulose dans la litière de *J. curcas*. Au bout des dix semaines d'incubation, le gain de cellulose est de 0,66 % chez *J. curcas* et une perte de 12,1 % chez *J. gossypifolia*.

Tableau 37: Pourcentage de cellulose dans les litières de J. curcas et J. gossypifolia, décomposées pendant 10 semaines sur le terrain

Espèces/ Semaines	0	2	4	6	10
J. curcas	6,51 ± 0,38	8,83 ± 2,27	8,63 ± 2,25	8,49± 2,67	7,17± 1,99
J. gossypifolia	4,84 ± 0,28	8,44 ± 1,93	9,11 ± 1,83	7,57 ± 2,5	3,72 ± 2,46
Moyenne	**5,67 ± 0,33**	**8,63 ± 2,07**	**8,87 ± 2,02**	**8,03 ± 2,56**	**5,44 ± 2,17**
Probabilité	**0,0024 ****	**0,1570^{ns}**	**0,0665^{ns}**	**0,0003*****	**0,0000*****

*P=probabilité, P>0,05=ns (non significatif), ***=P<0,001.*

III.7.2.3.2 Effet station

La teneur de cellulose ne varie pas significativement en début de l'expérience entre les différentes stations (Tableau 41). Mais ces stations diffèrent significativement vers la fin de la décomposition. Le test de Duncan montre une différence non significative entre les stations dans les quatre premières semaines d'incubation; par contre à dix semaines d'incubation elles diffèrent significativement les unes des autres. Le pourcentage en cellulose augmente progressivement durant la décomposition de litières dans les différentes stations puis baisse à dix semaines d'incubation, excepté dans la station de Ngong où on observe un gain de cellulose. La perte de cellulose est de 40,92 % dans la station de Ngaoundéré et de 14,11 % dans la station de Maroua. Par contre, le gain enregistré est de 43,04 % dans la station de Ngong.

Tableau 38: Pourcentage de cellulose dans les litières de Jatropha, décomposées pendant 10 semaines sur le terrain, dans les 3 stations de Maroua, Ngong et Ngaoundéré

Stations/Semaines	2	4	6	10
Ngaoundéré	8,71 ± 0,99[a]	8,91 ± 1,13[a]	8,91 ± 2,18[a]	3,35 ± 0,50[c]
Ngong	8,77 ± 3,09[a]	9,18 ± 2,59[a]	9,16 ± 3,10[a]	8,11 ± 2,62[a]
Maroua	8,42 ± 1,86[a]	8,52 ± 2,28[a]	6,02 ± 2,52[b]	4,87 ± 1,11[b]
Moyenne	**8,63 ± 2,07**	**8,87 ± 2,02**	**8,03 ± 2,56**	**5,44 ± 2,17**
Probabilité	**0,5131[ns]**	**0,1130[ns]**	**0,0000[***]**	**0,0000[***]**

*P=probabilité, P>0,05=ns (non significatif), ***=P<0,001. Les valeurs portant les mêmes lettres en colonne indiquent que les traitements ne sont pas significativement différents P>0,05.*

III.7.2.3.3 Effet microstation

Le pourcentage en cellulose varie significativement suivant les microstations sous houppier ou hors houppier au cours des dix semaines d'incubation de litière sur le terrain (Tableau 42). Cette différence s'accentue au fur et à mesure qu'on va vers la fin de la décomposition de litière. Ce taux augmente également durant l'incubation puis baisse vers la fin de l'incubation. La dynamique de la libération de la cellulose est plus rapide dans la microstation hors houppier que sous houppier.

Tableau 39: Pourcentage de cellulose dans les litières de Jatropha, décomposées pendant 10 semaines sur le terrain, sous et hors houppier

Microstations/Semaines	2	4	6	10
Sous houppier	8,95 ± 1,51	9,25 ± 1,45	9,07± 2,51	7,18 ± 2,52
Hors houppier	8,32 ± 2,54	8,48 ± 2,47	6,99 ± 2,70	3,71 ± 1,31
Moyenne	**8,63 ± 2,07**	**8,87 ± 2,02**	**8,03 ± 2,56**	**5,44 ± 2,17**
Probabilité	**0,0300[*]**	**0,0068[**]**	**0,0003[***]**	**0,0000[***]**

*P=probabilité, *=P<0,05, **=P<0,01, ***=P<0,001.*

III.7.2.3.4 Influence des interactions sur la dynamique de la cellulose

Contrairement aux polyphénols, on observe une augmentation du taux de cellulose durant les deux premières semaines d'incubation de litière (Figure 27), à l'exception de *Jatropha curcas* hors houppier à Maroua (JCHHM) dont le pourcentage de cellulose tend à régresser légèrement durant cette période. Ensuite, on note une phase d'immobilisation de la cellulose dans les litières jusqu'à la fin de l'expérience, excepté *Jatropha curcas* hors houppier à Ngong (JCHHG) qui présente une phase de libération vers la fin de l'expérience. *J. curcas* sous houppier à Maroua (JCSHM) et *J. gossypifolia* sous houppier à Maroua (JGSHM) présentent une phase d'accumulation vers la fin de l'expérience.

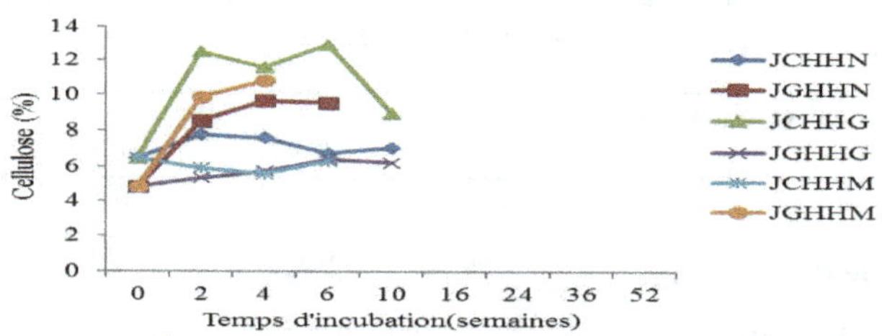

b) Hors houppier

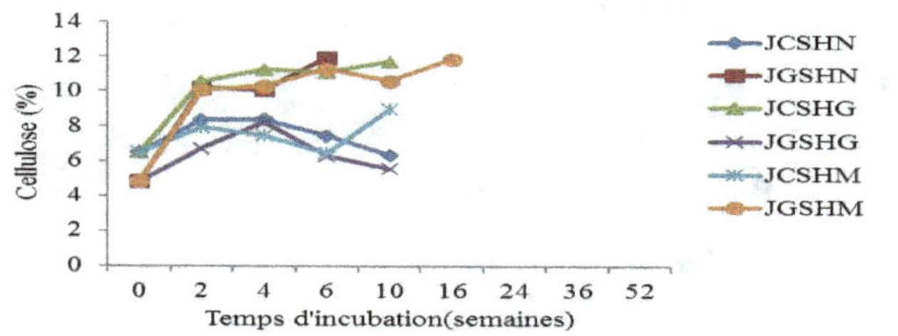

a) Sous houppier

***JCHHN**: J. curcas hors houppier Ngaoundéré, **JGHHN**: J. gossypifolia hors houppier Ngaoundéré, **JCSHN**: J.curcas sous houppier Ngaoundéré, **JGSHN**: J. gossypifolia sous houppier Ngaoundéré, **JCHHG**: J. curcas hors houppier Ngong, **JGHHG**: J. gossypifolia hors houppier Ngong, **JCSHG**: J. curcas sous houppier Ngong, **JGSHG**: J. gossypifolia sous houppier Ngong, **JCHHM**: J. curcas hors houppier Maroua, **JGHHM**: J. gossypifolia hors houppier Maroua, **JCSHM**: J. curcas sous houppier Maroua, **JGSHM**: J.gossypifolia sous houppier Maroua*

Figure 27: Dynamique de la cellulose durant un an d'incubation des litières

Le tableau 43 ressort les valeurs de probabilité des différentes interactions possibles entre les variables environnementales (station et microstation) et biotique (espèce).

S'agissant de l'interaction station*espèce et celle station* espèce* microstation, leurs effets sont significatifs sur la dynamique de la libération de la cellulose durant toute la période d'incubation de litière sur le terrain. Par contre, pour l'interaction station*microstation, son effet est significatif à partir de la sixième semaine d'incubation, tandis que l'effet de l'interaction espèce*microstation n'est significatif sur la libération de la cellulose qu'à la sixième semaine d'incubation de litières.

Tableau 40: Valeurs des probabilités de la cellulose selon les interactions durant l'incubation des litières

Interactions/Semaines	**2**	**4**	**6**	**10**
Station*espèce	$0,0000^{***}$	$0,0000^{***}$	$0,0000^{***}$	$0,0000^{***}$
Station*microstation	$0,0700^{ns}$	$0,6949^{ns}$	$0,0000^{***}$	$0,0000^{***}$
Espèce*microstation	$0,1166^{ns}$	$0,9541^{ns}$	$0,0000^{***}$	$0,3298^{ns}$
Station*espèce*microstation	$0,0048^{**}$	$0,0023^{**}$	$0,0000^{***}$	$0,0002^{***}$

*P=probabilité, P>0,05=ns (non significatif), *=p<0,05, **=p<0,01, ***=P<0,001.*

III.7.2.4 Dynamique de la lignine

III.7.2.4.1 Effet espèce

La teneur des litières en lignine varie significativement entre les espèces du début de la décomposition des litières jusqu'à la fin (Tableau 44). Des résultats analogues sont rapportés par Mapongmetsem (2005) sur la litière de huit espèces ligneuses des hautes savanes guinéennes du Cameroun.

La variation des teneurs de la lignine dans les espèces est doublée au début de l'expérience jusqu'à la sixième semaine à partir de laquelle, elle commence à diminuer jusqu'à la dixième semaine. C'est ainsi que comparé à leur teneur initiale, *Jatropha curcas* a accumulé 36,87 ± 1,25 % de lignine contrairement à *Jatropha gossypifolia* qui a plutôt libéré 18,48 ± 1,81 % à la dixième semaine.

Tableau 41: Pourcentage de lignine dans les litières de J. curcas et J. gossypifolia, décomposées pendant 10 semaines sur le terrain

Espèces/Semaines	**0**	**2**	**4**	**6**	**10**
J. curcas	5,94 ± 0,30	11,30 ± 2,27	11,38 ± 4,66	12,25 ± 5,26	8,13 ± 2,20
J. gossypifolia	7,47 ± 0,97	13,10 ± 3,26	13,68 ± 4,40	10,61 ± 4,42	6,09 ± 2,65
Moyenne	**6,70 ± 0,63**	**12,20 ± 2,89**	**12,53 ± 4,59**	**11,43 ± 4,79**	**7,11 ± 2,59**
Probabilité	**0,1685^{ns}**	**0,0000*****	**0,0000*****	**0,0000*****	**0,0000*****

P=probabilité, ns (non significatif)= P>0,05,=p<0,05, **=p<0,01, ***=P<0,001.*

III.7.2.4.2 Effet station

La teneur des litières en lignine varie significativement (0,0000 < 0,001) entre les trois stations (Ngaoundéré, Ngong et Maroua) au cours de l'incubation sur le terrain, excepté à la sixième semaine d'incubation où on note une différence non significative entre la station de Ngaoundéré et celle de Maroua (Tableau 45). La lignine tend à diminuer de la deuxième à la dixième semaine dans les litières au cours de leur décomposition dans les stations de Ngaoundéré et Maroua. Par contre, à Ngong, l'augmentation de la lignine s'observe de la deuxième à la quatrième semaine d'incubation. Ensuite, la concentration de la lignine commence à diminuer dans les litières en décomposition à partir de la sixième semaine d'incubation. La dynamique de la libération de la lignine est la plus rapide dans la station de Ngaoundéré, la plus faible dans la station de Ngong et intermédiaire dans la station de Maroua. En effet, la libération de la lignine à la fin d'incubation de litière est de 37,61 % par rapport à la valeur initiale dans la station de Ngaoundéré et 14,78 % dans la station de Maroua. Par contre, dans la station de Ngong les litières n'ont pas encore libéré toute la lignine accumulée au début de l'incubation. Les litières ont encore accumulé 70,75 % de lignine par rapport à la valeur initiale dans la station de Ngong. Cette différence entre stations, en particulier l'accélération de la perte de lignine dans la station de Ngaoundéré, peut s'expliquer cette fois, par l'humidité élevée dans cette station. Cette condition d'humidité favorise à la fois la libération rapide de la lignine accumulée au début de l'incubation mais aussi la dégradation de la lignine de litières par des champignons spécifiques, en particulier les whites-roots.

Tableau 42: Teneur en lignine (%) dans les litières de Jatropha, décomposées pendant 10 semaines sur le terrain, dans les 3 stations de Maroua, Ngong et Ngaoundéré

Stations/Semaines	2	4	6	10
Ngaoundéré	10,31 ± 2,13^{c}	9,30 ±2,59^{c}	8,49 ±0,73^{b}	4,18 ± 1,82^{c}
Ngong	14,45 ± 1,86^{a}	17,85 ±1,71^{a}	17,59 ±3,81^{a}	11,44 ± 1,77^{a}
Maroua	11,84 ± 3,09^{b}	10,45 ±3,20^{b}	8,20 ± 2,26^{b}	5,71 ± 3,67^{b}
Moyenne	12,20 ± 2,89	12,53 ± 4,59	11,43 ± 4,79	7,11 ± 2,59
Probabilité	**0,0000*****	**0,0000*****	**0,0000*****	**0,0000*****

*P=probabilité, ***=P<0,001. Les valeurs portant les mêmes lettres en colonne indiquent que les traitements ne sont pas significativement différents P>0,05.*

III.7.2.4.3 Effet microstation

À deux semaines d'incubation, le pourcentage en lignine ne diffère pas significativement entre les microstations (0,99 > 0,05). De cette date jusqu'à la fin de la décomposition de litières, la différence est significative entre les microstations (Tableau 46). La microstation sous houppier accumule considérablement la lignine de la deuxième (12,20 ± 2,41 %) à la sixième semaine (13,05 % ± 5,07 %) ensuite et commence à la libérer à la dixième semaine (9,07 ± 2,55 %). Dans la microstation hors houppier, la diminution de ce composé commence à partir de la quatrième semaine d'incubation jusqu'à la dixième semaine où la libération est très importante. La dynamique de la libération de la lignine est plus rapide dans les litières décomposées hors houppier que celle décomposées sous houppier.

Tableau 43: Pourcentage de lignine dans les litières de Jatropha, décomposées pendant 10 semaines sur le terrain, sous et hors houppier

Microstations/Semaines	2	4	6	10
Sous houppier	12,20 ± 2,41	12,95 ± 4,75	13,05 ± 5,07	9,07 ± 2,55
Hors houppier	12,20 ± 3,42	12,12 ± 4,59	9,81 ± 4,59	5,15 ±2,86
Moyenne	**12,20 ± 2,89**	**12,53 ± 4,59**	**11,43 ± 4,79**	**7,11 ± 2,59**
Probabilité	**0,9991^{ns}**	**0,0063****	**0,0000*****	**0,0000*****

*P=probabilité, ns (non significatif)= P>0,05, **=p<0,01, ***=P<0,001.*

III.7.2.4.4 Influence des interactions sur la dynamique de la lignine

Les courbes de l'évolution du pourcentage en lignine sont semblables en général à celles de la cellulose (Figure 28). On observe trois phases, premièrement une phase durant les deux semaines d'incubation correspondant à une augmentation de la lignine dans les litières suivie d'une phase stationnaire un peu plus longue et enfin une brève phase descendante correspondant à la diminution de la teneur de lignine dans les litières en décomposition.

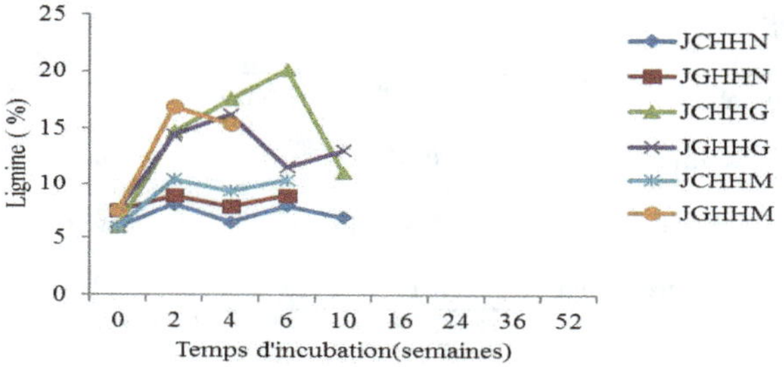

b) Hors houppier

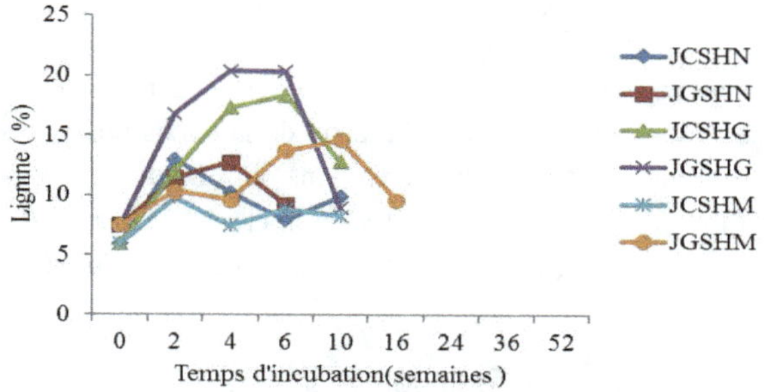

a) Sous houppier

***JCHHN**: J. curcas hors houppier Ngaoundéré, **JGHHN**: J. gossypifolia hors houppier Ngaoundéré, **JCSHN**: J.curcas sous houppier Ngaoundéré, **JGSHN**: J. gossypifolia sous houppier Ngaoundéré, **JCHHG**: J. curcas hors houppier Ngong, **JGHHG**: J. gossypifolia hors houppier Ngong, **JCSHG**: J. curcas sous houppier Ngong, **JGSHG**: J. gossypifolia sous houppier Ngong, **JCHHM:** J. curcas hors houppier Maroua, **JGHHM**: J. gossypifolia hors houppier Maroua, **JCSHM**: J. curcas sous houppier Maroua, **JGSHM**: J.gossypifolia sous houppier Maroua*

Figure 28: Dynamique de la lignine durant un an d'incubation des litières

La dynamique de la libération de lignine dans les litières en décomposition est influencée par les différentes interactions de trois variables (espèce, station et microstation) à toutes les dates de prélèvement des échantillons de litière, excepté à la quatrième semaine d'incubation où l'effet de l'interaction espèce*microstation n'est pas significative (tableau 47).

Tableau 44: Valeurs des probabilités de lignine selon les interactions durant l'incubation des litières

Interactions/Semaines	2	4	6	10
Station*espèce	$0{,}0000^{***}$	$0{,}0006^{***}$	$0{,}0000^{***}$	$0{,}0000^{***}$
Station*microstation	$0{,}0000^{***}$	$0{,}0000^{***}$	$0{,}0000^{***}$	$0{,}0000^{***}$
Espèce*microstation	$0{,}0035^{**}$	$0{,}3221^{ns}$	$0{,}0000^{***}$	$0{,}0140^{*}$
Station*espèce*microstation	$0{,}0000^{***}$	$0{,}0001^{***}$	$0{,}0000^{***}$	$0{,}0000^{***}$

P=probabilité, ns (non significatif)= P>0,05,=p<0,05, **=p<0,01, ***=P<0,001.*

III.7.2.5 Dynamiques du carbone

III.7.2.5.1 Effet espèce

La teneur en carbone diffère significativement entre les espèces à chaque date de prélèvement. Du début jusqu'à la fin de la décomposition de litières est observée une augmentation du taux de carbone dans la litière suivie d'une baisse progressive (Tableau 48). *Jatropha curcas* a libéré 19,77 ± 1,29 % contre 62,26 ± 3,59 % chez *Jatropha gossypifolia* à dix semaines d'incubation par rapport à leur taux initial.

Tableau 45: Pourcentage de carbone dans les litières de J. curcas et J. gossypifolia, décomposées pendant 10 semaines sur le terrain

Espèces/Semaines	0	2	4	6	10
J. curcas	39,65 ± 0,92	40,82 ± 3,60	40,70 ± 4,39	38,88 ± 4,77	31,81 ± 1,66
J. gossypifolia	35,48 ± 0,82	41,57 ± 5,10	41,80 ± 5,05	35,52 ± 3,62	13,39 ± 6,36
Moyenne	**37, 56 ± 0,87**	**41,20 ± 4,33**	**41,25 ± 4,66**	**37,20 ± 4,60**	**22,60 ± 3,48**
Probabilité	**0,0411***	**$0{,}0308^{*}$**	**$0{,}0065^{**}$**	**$0{,}0000^{***}$**	**$0{,}0000^{***}$**

P=probabilité, ns (non significatif)= P>0,05,=p<0,05, **=p<0,01, ***=P<0,001.*

III.7.2.5.2 Effet station

La teneur en carbone dans les litières varie significativement entre les stations d'incubation (0,0000 < 0,001). Par ailleurs le test de Duncan montre une similitude entre la station de Ngaoundéré et celle de Ngong à deux et six semaines d'incubation (Tableau 49). En général le comportement des litières est ponctué par une légère augmentation puis une baisse de carbone dans la litière lors de leur décomposition dans les trois stations.

Tableau 46: Pourcentage de carbone dans les litières de Jatropha, décomposées pendant 10 semaines sur le terrain, dans les 3 stations de Maroua, Ngong et Ngaoundéré

Stations/Semaines	2	4	6	10
Ngaoundéré	39,20 ± 2,23^{a}	39,50 ± 3,85^{a}	38,53 ± 3,69^{a}	18,46 ±1,08^{a}
Ngong	38,54 ± 4,02^{a}	38,49 ± 4,57^{b}	39,11 ± 4,66^{a}	27,86 ± 2,27^{b}
Maroua	45,84 ±1,80^{b}	45,76 ± 0,67^{c}	33,96 ±1,66^{b}	21,48 ± 3,07^{c}
Moyenne	**41,20 ± 4,33**	**41,25 ± 4,66**	**37,20 ± 4,60**	**22,60 ± 3,48**
Probabilité	**0,0000*****	**0,0000*****	**0,0000*****	**0,0000*****

*P=probabilité, ***=P<0,001. Les valeurs portant les mêmes lettres en colonne indiquent que les traitements ne sont pas significativement différents P>0,05.*

III.7.2.5.3 Effet microstation

En général on note une baisse du taux de carbone dans la litière de deux à dix semaines d'incubation quelle que soit la microstation. Néanmoins elles diffèrent significativement entre-elles lors de l'incubation à l'exception de la quatrième semaine de prélèvement (Tableau 50). La microstation hors houppier favorise la libération du carbone car elle présente le plus faible taux dans les litières à dix semaines d'incubation.

Tableau 47: Pourcentage de carbone dans les litières de Jatropha, décomposées pendant 10 semaines sur le terrain, sous et hors houppier

Microstations/Semaines	**2**	**4**	**6**	**10**
Sous houppier	40,82 ± 4,63	41,53 ± 5,02	41,32 ± 3,88	32,96 ± 3,84
Hors houppier	41,58 ± 4,17	40,96 ± 4,49	33,08 ± 5,42	12,24 ± 0,76
Moyenne	**41,20 ± 4,33**	**41,25 ± 4,66**	**37,20 ± 4,60**	**22,60 ± 3,48**
Probabilité	**0,0303***	**0,1145ns**	**0,0000*****	**0,0000*****

*P=probabilité, ns (non significatif)= P>0,05, *=p<0,05, ***=P<0,001.*

III.7.2.5.4 Influence des interactions sur la dynamique du carbone

Les courbes d'évolution de carbone durant l'incubation *in situ* présentent presque toutes la même allure, une accumulation du carbone au début de l'expérience puis une stabilisation (Figure 29). Par ailleurs *Jatropha curcas* dans la microstation hors houppier à Ngaoundéré (JCHHN), de Ngong (JCHHG) et *J. gossypifolia* dans celle de sous houppier de Ngong (JGSHG) se démarquent de cette allure et présente une tendance opposée (libération puis stabilisation). Les analyses de variance montrent l'existence des interactions hautement significatives entre les différents traitements à chaque date de prélèvement (Tableau 51).

Tableau 48: Seuils de signification pour le carbone selon les interactions durant l'incubation des litières

Interactions/Semaines	**2**	**4**	**6**	**10**
Station*espèce	0,0000***	0,0000***	0,0000***	0,0000***
Station*microstation	0,0002***	0,0000***	0,0000***	0,0000***
Espèce*microstation	0,0000***	0,0000***	0,0000***	0,0000***
Station*espèce*microstation	0,0000***	0,0000***	0,0000***	0,0000***

P=probabilité,
****=P<0,001.*

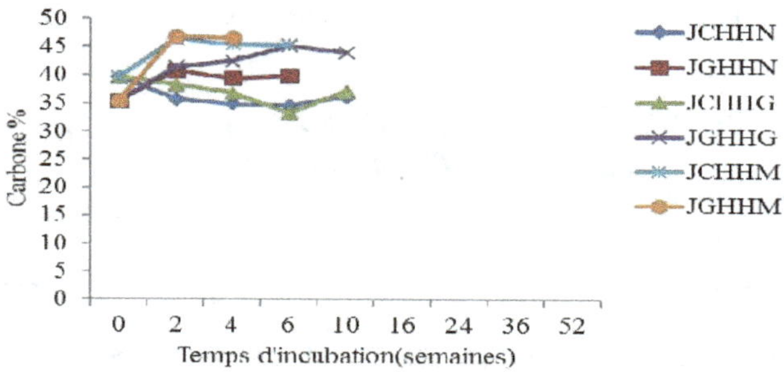

b) Hors houppier

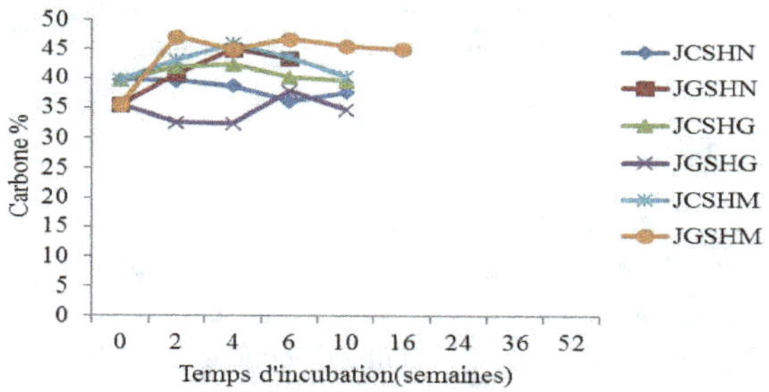

a) Sous houppier

***JCHHN**: J. curcas hors houppier Ngaoundéré, **JGHHN**: J. gossypifolia hors houppier Ngaoundéré, **JCSHN**: J.curcas sous houppier Ngaoundéré, **JGSHN**: J. gossypifolia sous houppier Ngaoundéré, **JCHHG**: J. curcas hors houppier Ngong, **JGHHG**: J. gossypifolia hors houppier Ngong, **JCSHG**: J. curcas sous houppier Ngong, **JGSHG**: J. gossypifolia sous houppier Ngong, **JCHHM**: J. curcas hors houppier Maroua, **JGHHM**: J. gossypifolia hors houppier Maroua, **JCSHM**: J. curcas sous houppier Maroua, **JGSHM**: J.gossypifolia sous houppier Maroua*

Figure 29: Dynamique du carbone durant un an d'incubation des litières

III.7.2.6 Dynamique de l'azote

III.7.2.6.1 Effet espèce

L'analyse de variance montre que l'élément azote varie significativement entre les espèces à six (0,0036 < 0,01) et à dix semaines (0,0000 < 0,001) d'incubation (Tableau 52). À dix semaines d'incubation, l'espèce *Jatropha curcas* a libéré 36 ± 0,31 % de son azote initial contre 72 ± 0,16 % chez *Jatropha gossypifolia*. La libération de l'azote est plus rapide dans les litières en décomposition chez *J. curcas* que chez *J. gossypifolia*. On observe l'absence d'accumulation de l'azote dans les litières en décomposition dans les deux espèces.

Tableau 49: Pourcentage d'azote dans les litières de J. curcas et J. gossypifolia, décomposées pendant 10 semaines sur le terrain

Espèces/Semaines	0	2	4	6	10
J. curcas	2,14 ± 0,27	1,69 ± 0,28	1,80 ± 0,20	1,74 ± 0,14	1,37 ± 0,35
J. gossypifolia	1,95 ± 0,07	1,58 ± 0,36	1,62 ± 0,32	1,42 ± 0,22	0,53 ± 0,26
Moyenne	**2,04 ± 0,17**	**1,63 ± 0,32**	**1,71 ± 0,27**	**1,58 ± 0,18**	**0,95 ± 0,32**
Probabilité	**0,4436^{ns}**	**0,2879^{ns}**	**0,1137^{ns}**	**0,0036****	**0,0000*****

*P=probabilité, ns (non significatif)= P>0,05, **=p<0,01, ***=P<0,001.*

III.7.2.6.2 Effet station

En ce qui concerne également les stations, la teneur de l'azote n'est pas significativement différente entre stations dans les quatre premières semaines d'incubation (Tableau 53). Ensuite, cette différence entre stations devient significative à partir de la sixième semaine d'incubation. À la fin de l'incubation (dix semaines), seule la station de Ngong diffère des deux autres stations. La libération de l'azote dans les litières en décomposition est plus faible dans la station de Ngong que dans les deux autres stations de Maroua et Ngaoundéré, qui ne diffèrent entre elles.

Tableau 50: Pourcentage d'azote dans les stations durant l'incubation des litières dans les litières de Jatropha, décomposées pendant 10 semaines sur le terrain, dans les 3 stations de Maroua, Ngong et Ngaoundéré

Stations/Semaines	2	4	6	10
Ngaoundéré	1,56 ± 0,33^{a}	1,82 ± 0,20^{a}	1,72 ± 0,23^{a}	0,72 ± 0,36^{b}
Ngong	1,69 ±0,41^{a}	1,67 ± 0,24^{a}	1,74 ± 0,17^{a}	1,33 ± 0,31^{a}
Maroua	1,66 ±0,24^{a}	1,64 ± 0,36^{a}	1,28 ± 0,16^{b}	0,81 ± 0,28^{b}
Moyenne	**1,63 ± 0,32**	**1,71 ± 0,27**	**1,58 ± 0,18**	**0,95 ± 0,32**
Probabilité	**0,5619^{ns}**	**0,3685^{ns}**	**0,0015****	**0,0000*****

*P=probabilité, ns (non significatif)= P>0,05, **=p<0,01, ***=P<0,001. Les valeurs portant les mêmes lettres en colonne indiquent que les traitements ne sont pas significativement différents P>0,05.*

III.7.2.6.3 Effet microstation

Le pourcentage en azote de la litière varie significativement entre les microstations à chaque date de prélèvement, à l'exception de la quatrième semaine (0,22 > 0,05) d'incubation (Tableau 54). Dans la microstation hors houppier, une diminution progressive de la teneur d'azote dans les litières est notée, ce qui suggère un enrichissement du sol en cet élément. La microstation sous houppier par contre révèle une augmentation à quatre semaines d'incubation puis une baisse à la fin de l'incubation. À la fin de l'incubation, la microstation hors houppier est celle qui enrichit plus le sol en azote. L'augmentation de la teneur d'azote dans les litières au cours de leur décomposition peut être due aux apports des pluvio-lessivats (Bocock, 1963), à des transferts à partir du sol par les mycéliums de certains champignons (Berg et Soderstrom, 1979) ou à la fixation d'azote moléculaire (Mangenot, 1980). D'après les travaux de Lemée (1974), les précipitations apportent 9,8 kg d'azote inorganique ha^{-1} an^{-1} et le pluvio-lessivage multiplie ce chiffre par 1,5 dans un peuplement jeune et par 2 dans une vieille futaie. Cette augmentation serait due aussi l'azote des microorganismes décomposeurs mobilisées sur les litières en décomposition (Ibrahima, 1995).

Tableau 51: Pourcentage de l'azote dans les litières de Jatropha, décomposées pendant 10 semaines sur le terrain, sous et hors houppier

Microstations/Semaines	2	4	6	10
Sous houppier	1,43 ± 0,28	1,78 ± 0,23	1,71 ± 0,20	1,39 ± 0,26
Hors houppier	1,84 ± 0,23	1,64 ± 0,30	1,46 ± 0,16	0,52 ± 0,48
Moyenne	**1,63 ± 0,32**	**1,71 ± 0,27**	**1,58 ± 0,18**	**0,95 ± 0,32**
Probabilité	**0,0014****	**0,2212**^{ns}	**0,0155***	**0,0000*****

*P=probabilité, ns (non significatif)= P>0,05, *=p<0,05, **=p<0,01, ***=P<0,001.*

III.7.2.6.4 Influence des différentes interactions sur la dynamique de l'azote

En général, la dynamique de l'azote sous houppier et hors houppier au début de l'expérience présente une évolution régressive dans différents stations (Figure 30). Ensuite une phase d'immobilisation lente est observée jusqu'à la fin de l'incubation pour la plus part des stations. La libération lente de l'azote a été notée par Ibrahima *et al.*, (2011) sur l'étude de dix espèces de la forêt tropicale d'Ebom au Sud-ouest Cameroun. D'après Gosz *et al.*, (1973), la faible libération relative de l'azote peut s'expliquer par le rapport C/N généralement plus élevé chez des organismes décomposeurs par rapport aux tissus végétaux.

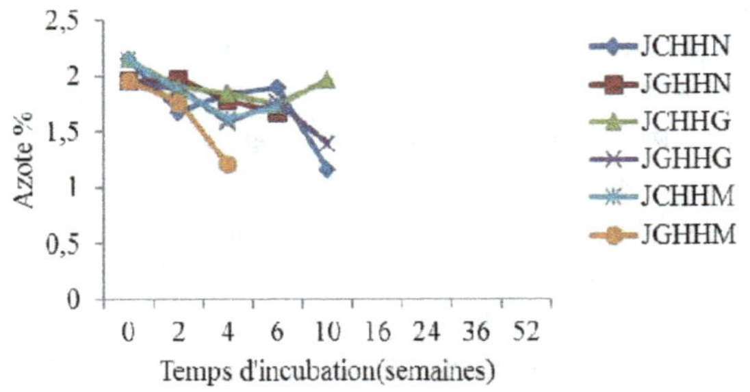

b)Hors houppier

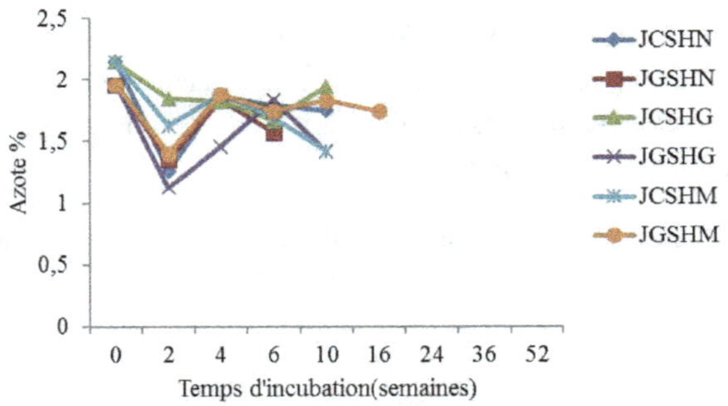

a)Sous houppier

JCHHN: *J. curcas hors houppier Ngaoundéré,* ***JGHHN***: *J. gossypifolia hors houppier Ngaoundéré,* ***JCSHN***: *J.curcas sous houppier Ngaoundéré,* ***JGSHN***: *J. gossypifolia sous houppier Ngaoundéré,* ***JCHHG***: *J. curcas hors houppier Ngong,* ***JGHHG***: *J. gossypifolia hors houppier Ngong,* ***JCSHG***: *J. curcas sous houppier Ngong,* ***JGSHG***: *J. gossypifolia sous houppier Ngong,* ***JCHHM***: *J. curcas hors houppier Maroua,* ***JGHHM***: *J. gossypifolia hors houppier Maroua,* ***JCSHM***: *J. curcas sous houppier Maroua,* ***JGSHM***: *J.gossypifolia sous houppier Maroua*

Figure 30: Dynamique de l'azote durant un an d'incubation des litières

Les différents seuils de signification des différentes interactions de trois variables (espèce, station et microstation) au quatre dates de prélèvement sont consignés dans le tableau 55. Toutes les interactions n'influencent la dynamique d'azote qu'à partir de la sixième semaine d'incubation de litières sur le terrain.

Tableau 52: Seuils de signification de différentes interactions durant dix semaines d'incubation des litières

Interactions/Semaines	2	4	6	10
Station*espèce	$0,1075^{ns}$	$0,6227^{ns}$	$0,0034^{**}$	$0,0000^{***}$
Station*microstation	$0,6914^{ns}$	$0,1416^{ns}$	$0,0015^{**}$	$0,0000^{***}$
Espèce*microstation	$0,1104^{ns}$	$0,6140^{ns}$	$0,0036^{**}$	$0,0030^{**}$
Station*espèce*microstation	$0,4451^{ns}$	$0,6166^{ns}$	$0,0023^{**}$	$0,0000^{***}$

*P=probabilité, ns (non significatif)= P>0,05, *=p<0,05, **=p<0,01, ***=P<0,001.*

III.8 Perte et immobilisation des nutriments à la fin de la décomposition

L'azote, le phosphore, le calcium et le magnésium sont des éléments minéraux importants pour la nutrition de la plante d'où l'importance d'estimer leur perte et leur immobilisation dans les litières à la fin de leur décomposition.

III.8.1 Azote

L'analyse statistique de la teneur d'azote initial et celle de la fin de l'incubation (Tableau 56) diffèrent significativement entre les différents traitements (0,0047 < 0,01). Les concentrations initiales d'azote sont de 2,14 % pour l'espèce *Jatropha curcas* et 1,95 % pour *Jatropha gossypifolia.* À la fin de l'incubation, les teneurs d'azote dans les litières décomposés sur le terrain varient de 1,15 % pour le traitement de *J. curcas* dans la microstation hors houppier à Ngaoundéré (JCHHN) à 1,96 % pour le traitement *J. curcas* dans la microstation hors houppier à Ngong (JCHHG). Les valeurs initiales de litières ne sont pas toutes significativement supérieures à celles des litières à la fin de l'expérience pour tous les traitements. Ce résultat suggère également que les apports au sol en azote diffèrent selon les traitements. Le traitement *J. curcas* dans la microstation hors houppier à Ngaoundéré (JCHHN) est le traitement qui libère le plus d'azote, soit 45,79 % de son azote initial. Le traitement qui libère le moins l'azote est *J. curcas* dans la microstation hors houppier à Ngong (JCHHG), soit 8,41 % de son azote initial. Les deux extrêmes sont constitués par des litières de l'espèce *J. curcas* mis dans la microstation hors houppier. Cependant les litières des différents traitements ont toutes libéré moins de 50 % de leur azote initial. L'enrichissement du sol en azote à partir de la litière est un processus complexe où interviennent la quantité et la qualité des litières (Palm et Sanche, 1990; Corte *et al.*, 1996) ainsi que les facteurs environnementaux, car leur décomposition doit permettre l'accumulation d'humus tout en assurant un taux de minéralisation de l'azote satisfaisant pour la nutrition des plantes (Gower et Son, 1992).

Tableau 53: Différences de teneurs d'azote entre le début et la fin de l'expérience

Espèce dans différents stations	**Teneur initiale (%)**	**Teneur finale (%)**	**Différence**	**%/à la valeur initiale**
JCSHN	2,14 ± 0,27	1,74 ± 0,15^{cd}	0,40^{ns}	18,69
JCHHN	2,14 ± 0,27^{a}	1,15 ± 0,14^{a}	0,98*	45,79
JGSHN	1,95 ± 0,07^{a}	1,56 ± 0,36^{abc}	0,38^{ns}	19,48
JGHHN	1,95 ± 0,07	1,67 ± 0,21^{c}	0,28^{ns}	14,35
JCSHG	2,14 ± 0,27	1,94 ± 0,24^{cd}	0,20^{ns}	9,34
JCHHG	2,14 ± 0,27	1,96 ± 0,20^{cd}	0,18^{ns}	8,41
JGSHG	1,95 ± 0,07	1,41 ± 0,03^{ab}	0,54*	27,69
JGHHG	1,95 ± 0,07	1,39 ± 0,08^{ab}	0,56*	28,71
JCSHM	2,14 ±0,27	1,42 ± 0,18^{ab}	0,72*	33,64
JCHHM	2,14 ± 0,27	1,71 ± 0,11^{cd}	0,42^{ns}	19,62
JGSHM	1,95 ± 0,07	1,73 ± 0,28^{cd}	0,22^{ns}	11,28
JGHHM	1,95 ± 0,07	1,2 ± 0,16^{a}	0,74*	37,94

*P=probabilité, ns = non significatif, *=P<0,05. Les valeurs portant les mêmes lettres en colonne indiquent que les traitements ne sont pas significativement différents P>0,05.*
***JCHHN**: J. curcas hors houppier Ngaoundéré, **JGHHN**: J. gossypifolia hors houppier Ngaoundéré, **JCSHN**: J.curcas sous houppier Ngaoundéré, **JGSHN**: J. gossypifolia sous houppier Ngaoundéré, **JCHHG**: J. curcas hors houppier Ngong, **JGHHG**: J. gossypifolia hors houppier Ngong, **JCSHG**: J. curcas sous houppier Ngong, **JGSHG**: J. gossypifolia sous houppier Ngong, **JCHHM:** J. curcas hors houppier Maroua, **JGHHM**: J. gossypifolia hors houppier Maroua, **JCSHM**: J. curcas sous houppier Maroua, **JGSHM**: J.gossypifolia sous houppier Maroua*

III.8.2 Phosphore

Comme dans le cas de l'azote, une différence significative (0,0000 < 0,001) est notée entre le pourcentage de phosphore dans les litières de différents traitements (Tableau 57). Les valeurs initiales sont de 50,27 % pour *Jatropha curcas* et 64,96 % pour celle de *Jatropha gossypifolia*. Excepté le traitement *J. curcas* sous houppier à Ngong (JCSHG) qui a libéré plus de 50 % de phosphore initial, soit 60,15 %, tous les autres traitements ont libéré moins de 50 % de leur valeur initiale. *J. curcas* sous houppier à Maroua (JCSHM) est le traitement qui a libéré moins de phosphore (0,37 %). Les différences entre les valeurs initiales de phosphore et celle des litières à la fin d'incubation sont significatives pour tous les traitements, excepté *Jatropha gossypifolia* sous houppier à Ngong (JGSHG) et *Jatropha curcas* sous houppier à Maroua (JCSHM) pour lesquels, la libération de phosphore représente moins de 0,80 % de la valeur initiale. Pour les traitements *Jatropha curcas* sous houppier à Ngaoundéré (JCSHN) et *Jatropha curcas* hors houppier à Ngaoundéré (JCHHN). Les litières continuent à accumuler du phosphore jusqu'à la fin de l'incubation. Cette accumulation pour ces deux traitements à la fin de l'incubation est supérieure à 27 % de la valeur initiale. Ce résultat peut s'expliquer par les conditions plus humides de la station de Ngaoundéré et les caractéristiques physiques de litières de *Jatropha curcas*. La litière de *Jatropha curcas* est plus épaisse et son indice de sclérophyllie est élevé. Les litières épaisses, avec l'indice de sclérophyllie élevé, se décomposent plus lentement que les litières moins épaisses (Ibrahima, 1991; Gallardo et Merino, 1993; Gillon *et al.*, 1994). Par conséquent, la libération des nutriments sera plus lente pour les litières épaisses.

Tableau 54: Différences de teneur de phosphore entre le début et la fin de l'expérience

Espèce dans différents stations	Teneur initiale (mg/100gMS)	Teneur finale (mg/100gMS)	Différence	%/la valeur initiale
JCSHN	50,27 ± 0,46	64,13 ± 0,59^{i}	-13,85*	27,55
JCHHN	50,27 ± 0,46^{b}	69,96 ± 0,67^{j}	-19,69*	39,16
JGSHN	64,96 ± 0,04^{a}	44,35 ± 0,02^{d}	20,61*	31,72
JGHHN	64,96 ± 0,04	58,85 ± 0,11^{h}	6,10*	9,39
JCSHG	50,27 ± 0,46	20,02 ± 0,31^{a}	30,24*	60,15
JCHHG	50,27 ± 0,46	32,45 ± 0,86^{b}	17,82*	35,44
JGSHG	64,96 ± 0,04	64,48 ± 0,59^{i}	0,48^{ns}	0,73
JGHHG	64,96 ± 0,04	46,13 ± 0,56^{e}	18,83*	28,98
JCSHM	50,27 ± 0,46	50,07 ± 0,28^{f}	0,19^{ns}	0,37
JCHHM	50,27 ± 0,46	43,01 ± 0,82^{c}	7,26*	14,44
JGSHM	64,96 ± 0,04	52,15 ± 0,11^{g}	12,81*	19,71
JGHHM	64,96 ± 0,04	42,01 ± 0,55^{c}	22,95*	35,32

*P=probabilité, ns = non significatif, *=P<0,05. Les valeurs portant les mêmes lettres en colonne indiquent que les traitements ne sont pas significativement différents P>0,05.*

***JCHHN**: J. curcas hors houppier Ngaoundéré, **JGHHN**: J. gossypifolia hors houppier Ngaoundéré, **JCSHN**: J.curcas sous houppier Ngaoundéré, **JGSHN**: J. gossypifolia sous houppier Ngaoundéré, **JCHHG**: J. curcas hors houppier Ngong, **JGHHG**: J. gossypifolia hors houppier Ngong, **JCSHG**: J.*

*curcas sous houppier Ngong, **JGSHG**: J. gossypifolia sous houppier Ngong, **JCHHM:** J. curcas hors houppier Maroua, **JGHHM**: J. gossypifolia hors houppier Maroua, **JCSHM**: J. curcas sous houppier Maroua, **JGSHM**: J.gossypifolia sous houppier Maroua*

III.8.3 Calcium

De même l'analyse statistique des teneurs de calcium initiales et celles de la fin de l'incubation (Tableau 58) montre des différences significatives pour certains traitements (0,0000 < 0,001). Les valeurs initiales de calcium sont de 1,10 % et 1,26 % respectivement pour *Jatropha curcas* et celle de *Jatropha gossypifolia.* Le taux de libération de calcium est le plus élevé dans le traitement *J. gossypifolia* hors houppier à Maroua (JGHHM) et le plus faible dans le traitement *J. curcas* sous houppier à Ngaoundéré (JCSHN) avec des valeurs respectives de 34,12 % et 1,81 %. Toutefois, le taux de libération est inférieur à 50 % pour tous les traitements.

Tableau 55: Différences de teneur de calcium entre le début et la fin de l'expérience

Espèce dans différents stations	Teneur initiale (%)	Teneur finale (%)	Différence	% / valeur initiale
JCSHN	1,10 ± 0,04	$1,08 \pm 0,03^{cde}$	$0,02^{ns}$	1,81
JCHHN	$1,10 \pm 0,04^{a}$	$1,30 \pm 0,05^{g}$	-0,2*	18,1
JGSHN	$1,26 \pm 0,06^{a}$	$1,00 \pm 0,03^{bc}$	0,25*	19,84
JGHHN	1,26 ± 0,06	$1,15 \pm 0,06^{def}$	$0,11^{ns}$	8,73
JCSHG	1,10 ± 0,04	$1,06 \pm 0,02^{cd}$	$0,03^{ns}$	2,72
JCHHG	1,10 ± 0,04	$1,06 \pm 0,00^{cd}$	$0,04^{ns}$	3,63
JGSHG	1,26 ± 0,06	$1,37 \pm 0,09^{g}$	$-0,10^{ns}$	7,93
JGHHG	1,26 ± 0,06	$0,84 \pm 0,01^{a}$	0,42*	33,33
JCSHM	1,10 ± 0,04	$1,18 \pm 0,02^{ef}$	$-0,08^{ns}$	7,27
JCHHM	1,10 ± 0,04	$0,84 \pm 0,08^{a}$	0,25*	22,72
JGSHM	1,26 ± 0,06	$0,93 \pm 0,06^{ab}$	0,33*	26,19
JGHHM	1,26 ± 0,06	$0,83 \pm 0,03^{a}$	0,43*	34,12

*P=probabilité, ns = non significatif, *=P<0,05. Les valeurs portant les mêmes lettres en colonne indiquent que les traitements ne sont pas significativement différents P>0,05.*
***JCHHN**: J. curcas hors houppier Ngaoundéré, **JGHHN**: J. gossypifolia hors houppier Ngaoundéré, **JCSHN**: J.curcas sous houppier Ngaoundéré, **JGSHN**: J. gossypifolia sous houppier Ngaoundéré, **JCHHG**: J. curcas hors houppier Ngong, **JGHHG**: J. gossypifolia hors houppier Ngong, **JCSHG**: J. curcas sous houppier Ngong, **JGSHG**: J. gossypifolia sous houppier Ngong, **JCHHM:** J. curcas hors houppier Maroua, **JGHHM**: J. gossypifolia hors houppier Maroua, **JCSHM**: J. curcas sous houppier Maroua, **JGSHM**: J.gossypifolia sous houppier Maroua*

III.8.4 Magnésium

L'analyse statistique des différentes teneurs de magnésium montre en général une différence significative entre les différents traitements (0,0003 < 0,001). Les valeurs finales ne sont pas toutes significativement supérieures à celles des valeurs initiales (Tableau 59).

Le taux de libération de magnésium est le plus élevé dans le traitement *Jatropha gossypifolia* hors houppier à Maroua (JGHHM; 52,12 %), le plus faible dans le traitement *Jatropha curcas* hors houppier à Ngaoundéré (JCHHN; 12,65 %) et intermédiaire pour les autres traitements.

Tableau 56: Différences de Teneur de magnésium entre le début et la fin de l'expérience

Espèce dans différents stations	Teneur initiale (mg/100gMS)	Teneur finale (mg/100gMS)	Différence	%/ valeur initiale
JCSHN	268,42 ± 21,46	222,01 ± 8,58^{bcde}	46,41^{ns}	17,29
JCHHN	268,42 ± 21,46^{b}	234,45 ± 8,03^{cde}	33,97^{ns}	12,65
JGSHN	305,32 ± 11,12^{a}	155,86 ± 22,00^{a}	149,46*	48,95
JGHHN	305,32 ± 11,12	187,39 ± 47,17^{abc}	117,93*	38,62
JCSHG	268,42 ± 21,46	181,32 ± 8,5^{abc}	87,09*	32,44
JCHHG	268,42 ± 21,46	222,68 ± 13,04^{bcde}	45,73^{ns}	17,03
JGSHG	305,32 ± 11,12	244,05 ± 41,97^{de}	61,26^{ns}	20,06
JGHHG	305,32 ± 11,12	173,06 ± 30,13^{ab}	132,26*	43,31
JCSHM	268,42 ± 21,46	190,60 ± 23,44^{abcd}	77,81*	28,98
JCHHM	268,42 ± 21,46	148,11 ± 12,05^{a}	120,31*	44,82
JGSHM	305,32 ± 11,12	163,37 ± 33,98^{a}	141,95*	46,49
JGHHM	305,32 ± 11,12	146,18 ± 24,80^{a}	159,14*	52,12

*P=probabilité, ns = non significatif, *=P<0,05. Les valeurs portant les mêmes lettres en colonne indiquent que les traitements ne sont pas significativement différents P>0,05.*
***JCHHN**: J. curcas hors houppier Ngaoundéré, **JGHHN**: J. gossypifolia hors houppier Ngaoundéré, **JCSHN**: J.curcas sous houppier Ngaoundéré, **JGSHN**: J. gossypifolia sous houppier Ngaoundéré, **JCHHG**: J. curcas hors houppier Ngong, **JGHHG**: J. gossypifolia hors houppier Ngong, **JCSHG**: J. curcas sous houppier Ngong, **JGSHG**: J. gossypifolia sous houppier Ngong, **JCHHM**: J. curcas hors houppier Maroua, **JGHHM**: J. gossypifolia hors houppier Maroua, **JCSHM**: J. curcas sous houppier Maroua, **JGSHM**: J.gossypifolia sous houppier Maroua*

En somme, concernant les pertes et l'immobilisation des nutriments à la fin de l'incubation, les libérations les plus élevées ont été observées dans les traitements hors houppier avec la litière de *J. curcas* à Ngaoundéré pour l'azote (45,79 %) par rapport à la valeur initiale, avec la litière de *J. gossypifolia* à

Maroua pour le calcium (34,12 %) et magnésium (52,12 %). Par contre pour le phosphore, cette libération élevée a été notée dans le traitement sous houppier avec la litière de *Jatropha curcas* à Ngong (60,15 %).

Pour les pertes les plus faibles, elles ont eu lieu dans les traitements sous houppier avec la litière de *Jatropha curcas* à Ngong pour l'azote (9,34 %), à Ngaoundéré pour le calcium (1,91 %) et à Maroua pour le phosphore (0,37 %). par contre, pour le magnésium la faible perte a été notée dans le traitement hors houppier avec la litière de *Jatropha curcas* à Ngaoundéré (12,65 %).

Dans l'ensemble, les pertes les plus élevées ont été observées dans les traitements hors houppier à Maroua, les plus faibles dans les traitements sous houppier avec la litière de *Jatropha curcas* à Ngaoundéré. Ces différences de libération des nutriments entre traitements peuvent s'expliquer par les différences des conditions climatiques, en particulier, les effets des radiations solaires qui règnent dans les stations et les caractéristiques physiques des litières, en particulier l'épaisseur et l'indice de sclérophyllie de litières des deux espèces de *Jatropha*. En effet, les radiations solaires fortes (comme celle de la station de Maroua) qui arrivent sur les litières exposées au soleil, les fragmentent, augmentent la surface de contact et favorisent la décomposition des litières (Kalba, 2006 et Abugre *et al.*, 2011). Elles accélèrent par conséquent la libération des nutriments. De plus, les litières épaisses (comme celle de *Jatropha curcas*) limitent la décomposition de litières (Ibrahima *et al.*, 2003 et 2008) et par conséquent ralentissent la libération des nutriments. Les deux effets combinés expliquent probablement les tendances des résultats de libération des nutriments trouvés dans notre étude.

Par ailleurs, en tenant compte de l'ensemble des traitements, l'ordre décroissant de libération des quatre nutriments est le suivant: phosphore (60,15 %) > magnésium (52,12 %) azote (45,79 %) > calcium (34,12 %). La litière de *Jatropha curcas* selon le traitement utilisé peut libérer plus de 60 % de son phosphore initial et plus de 45 % de son azote initial. Ces éléments chimiques sont responsables de la fertilité des sols et sont utilisés dans les engrais chimiques.

III.9 Distributions spatiales des composés chimiques des litières

La disposition spatiale des différentes litières de *Jatropha curcas* et de *Jatropha gossypifolia* montre un regroupement des prélèvements autour des variables chimiques comme la cellulose (Cel), lignine (Lig), polyphénol (Pol), phosphore (Pho), calcium (Cal), cendres (Cen), matières organiques totales (Mao), carbone (C), magnésium (Mag) et azote (Azo). La disposition des prélèvements se fait suivant les axes F1 X F2 (Figure 31). La disposition des groupes n'est pas assez nette. La classification hiérarchisée pourrait permettre de bien les individualiser. L'analyse en composantes principales (A.C.P) de ces différentes caractéristiques chimiques des litières montre que l'axe F1 qui détermine 46,87 % de la variabilité est lié aux composés tel que: cellulose, lignine, polyphénols et phosphore. Mais toute fois les polyphénols et phosphore bien qu'étant sur le même axe sont en sens opposés aux lignines et cellulose. L'axe F2 qui détermine 18,52 % de la variabilité est lié principalement aux matières minérales (calcium, magnésium, cendres) et composés organiques (Matières organiques totales, azote, carbone). Les matières organiques totales, azote et carbone sont opposés aux matières minérales: calcium, magnésium et cendres. La disposition en sens opposé ou en sens convergeant sur le même axe s'explique davantage par les coefficients de corrélation de Pearson (Tableau 60) qui montrent en ce qui concerne l'axe1, une corrélation positive entre la lignine et la cellulose (r = 0,28) et des corrélations négatives entre cellulose et phosphore (r = - 0,54), cellulose et polyphénols (r = - 0,17), lignine et phosphore (r = - 0,34) et entre lignine et polyphénols (r = - 0,21). Sur l'axe F2, on note une forte corrélation positive entre le calcium et magnésium (r = 0,71) et une forte corrélation négative entre le magnésium et le carbone (r = - 0,77).

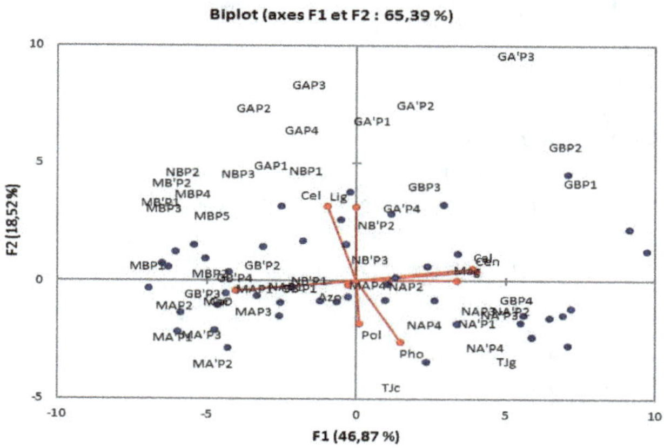

A = *Jatropha curcas* sous houppier, A'= *Jatropha curcas* hors houppier, B = *Jatropha gossypifolia* sous houppiers, B'= *Jatropha gossypifolia* hors houppier, N = Ngaoundéré, G = Ngong, M = Maroua, P = prélèvements

Figure 31: Répartition spatiale des différents composés chimiques

La relation entre la décomposition de litières et l'axe 1 de l'analyse en composantes principales sur les caractéristiques chimiques des litières suggère une influence prépondérante de cellulose, lignine, polyphénols et phosphore par rapport aux autres éléments constitutifs des dites litières. Une étude faite par Bemhard-Reversat *et al.* (2000) sur les qualités des litières et décomposition de celles-ci dans les jachères naturelles a montré que la relation qui existe entre la décomposition de litières et l'axe 1 de l'analyse en composantes principales sur les caractéristiques des litières suggérait une influence prépondérante des composés solubles (carbone, phénol et azote). Les composés phénoliques semblent inhiber la décomposition de litières. L'influence de ces composés pourrait être attribuée à un effet antibiotique sur la microflore, en particulier sur les champignons et à un effet répulsif sur la faune des litières et les termites (Harborne, 1997; Bemhard-Reversat *et al.*, 2000). Melillo *et al.* (1982) ont montré qu'au fur et à mesure que les litières se décomposent, la concentration en lignine augmente, ce qui ralentit la décomposition de litières. Il existerait donc une relation inversement proportionnelle entre la teneur en lignine de la litière et son taux de décomposition (Tardif, 2014).

Tableau 57: Coefficients de corrélation Pearson entre les composés chimiques

Variables	Pol	Cel	Lig	Azo	Car	MaO	Cen	Pho	Cal	Mag
Pol	1									
Cel	-0,178	1								
Lig	-0,210	0,283	1							
Azo	0,123	0,152	-0,055	1						
Car	0,031	0,100	-0,111	0,102	1					
MaO	0,031	0,100	-0,111	0,102	**1,000*****	1				
Cen	-0,026	-0,105	0,104	-0,105	**-1,000*****	**-1,000*****	1			
Pho	-0,130	**-0,542***	**-0,344****	**-0,348****	-0,245	-0,245	0,251	1		
Cal	-0,059	0,007	0,062	-0,188	**-0,942*****	**-0,942*****	**0,942*****	0,267	1	
Mag	-0,054	-0,126	0,092	0,066	**-0,777****	**-0,770****	**0,776****	0,071	**0,718****	1

*Pol=polyphénols, Cel=cellulose, Lig=lignine, Azo=azote, Car=carbone, Mao=matière organique, Cen=cendre, Pho=phosphore, Cal=calcium, Mag=magnésium. P=probabilité, *=p<0,05, **=p<0,01, ***=P<0,001.*

III.10 Influence des litières foliaires de *Jatropha* sur la croissance et le rendement de tomate

III.10.1 Hauteur de la plante

La figure 32 illustre les plants de tomate tuteurés. La tendance de la croissance en hauteur est similaire pour tous les traitements (Figure 33). La croissance en hauteur des plantes de tomate varie selon le traitement et la date des amendements. Les courbes de croissance des tiges de tomate présentent trois phases à savoir une phase de croissance lente entre 15 et 30 jours après repiquage (JAR), suivie d'une phase de croissance rapide entre 30 et 45 JAR. À partir de 45 JAR jusqu'à 65 JAR, une dernière phase stationnaire est notée quel que soit le traitement. Ces résultats suggèrent que les amendements de 45 JAR ne sont pas nécessaires, car les tiges de tomate ont atteint leur croissance maximale comme l'ont signalé Lin *et al.* (2011) et Tchuenteu (2009). En effet, Lin *et al.* (2011) dans les études sur l'influence des fertilisants sur la croissance de *Stevia rebaudiana* (Asteraceae) ont montré que la tige de cette plante croît lentement au début du repiquage, puis rapidement jusqu'à 80 jours après semis pour se stabiliser. Tchuenteu (2009) a trouvé que la taille du ricin cultivé dans la localité de Bini Dang est lente durant les 11 premières semaines après semis puis croît rapidement avec le temps.

Bien que la tendance de la croissance en hauteur de la tige de tomate soit similaire pour tous les traitements, la croissance elle-même est influencée par le type d'amendement (Figure 33). La hauteur de la tomate est la plus élevée pour les amendements avec l'engrais chimique, la plus faible pour le témoin et les amendements avec les litières de *Jatropha* donnent une hauteur intermédiaire. L'influence des amendements sur la croissance des cultures abondent dans la littérature (Kaho *et al.,* 2011; Lin *et al.,* 2011; Suge *et al.*, 2011 Ibrahim et Fadni, 2013; Feroya, 2012; Tonfack *et al.*, 2013). En effet, Pamo *et al.* (2005) travaillant sur l'effet de différentes sources d'azote et le rendement du haricot commun, ont montré que les feuilles de *Tithonia diversifolia* et *Leucaena leucocephala* stimulent la croissance de cette plante. Par ailleurs Feroya (2012) a montré que les poudres de *Mucuna intensa* et *Vitellaria paradoxa* stimulent la croissance de la plante de haricot, mais moins que les engrais chimiques. Cette stimulation de la croissance de haricot varie avec les engrais chimiques et la période d'amendement. La fertilisation après la floraison ne stimule pas la croissance en hauteur des plantes, mais plutôt diminue la hauteur de haricot, car selon l'auteur, l'utilisation de l'engrais chimique après floraison ou en absence de pluie 15 jours après application, entraîne une brulure de la plante (Pamo *et al.*, 2005; Feroya, 2012).

Figure 32: Plants de tomate tuteurés en pots

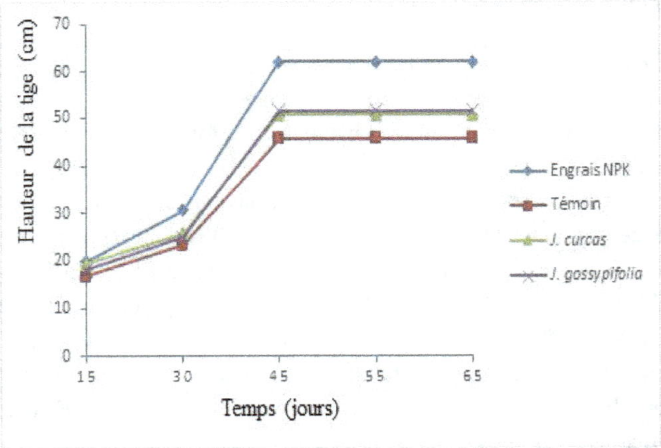

Figure 33: Courbes de croissance en hauteur de tomate selon les traitements après repiquage

III.10.2 Diamètre de la tige

Le diamètre moyen des tiges de tomate diffère significativement entre les traitements (0,0001 < 0,001) à 45 jours après repiquage (Figure 34). Il varie entre 3,11 ± 0,44 cm chez les plants non amandés et 4,45 ± 0,52 cm pour les plants traités avec l'engrais chimique. Il n'y a pas de différence significative entre les litières des deux espèces de *Jatropha* et le témoin. Les études menées sur la culture des tomates en serre sur sol et hors sol ont montré que lorsqu'une plante de tomate est bien nourrie, sa tige mesure 1 cm d'épaisseur à 15 cm au-dessous du point de croissance. Une tige plus grosse indiquerait une forte croissance végétative, généralement associée à une mauvaise fructification et à une faible productivité. Les tiges plus petites indiqueraient une grande reproduction qui se traduit par une carence en hydrates de carbone, une croissance ralentie et une faible productivité (Papadopoulos, 1991).

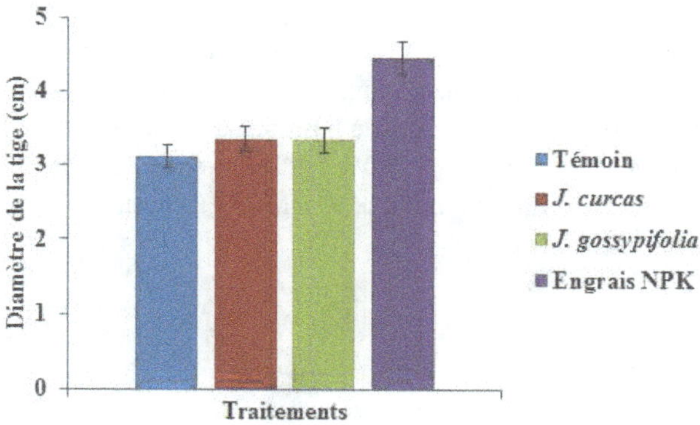

Figure 34: Diamètre moyen de la tige de tomate à 45 jours après repiquage

III.10.3 Nombre de ramifications par plant

Le nombre de ramification de la tige de *Lycopersicon esculentum* varie de 0,14 ± 0,37 chez les témoins (non traitées) à 4,42 ± 2,50 chez celles amandées avec les engrais chimiques (Tableau 61). L'analyse de variance indique une différence significative (0,0001 < 0,001) entre les différents traitements après 45 jours de repiquage. Les litières des deux espèces induisent le même nombre de ramification (1,14). Les deux types de litières n'ont pas influencé la ramification des tiges de tomate par rapport au témoin.

Tableau 58: Nombre de ramifications par plant après 45 jours de repiquage

Traitements	Nombre de ramifications
Témoin	0,14 ± 0,37[a]
J. curcas	1,14 ± 1,06[a]
J. gossypifolia	1,14 ± 1,34[a]
Engrais NPK	4,42 ± 2,5[b]
Probabilité	**0,0001*** **

****=P<0,001. Les valeurs portant les mêmes lettres en colonne indiquent que les traitements ne sont pas significativement différents P>0,05.*

III.10.4 Nombre de feuilles par plant

Le nombre de feuilles par plant varie de 11 chez les plantes témoins à 13,42 chez celles traitées à l'engrais NPK (Figure 35). L'analyse de variance montre l'existence d'une différence significative entre les traitements (0,0087 < 0,01). Le nombre de feuilles chez les plants amandés avec la litière de *Jatropha curcas* (11,14 ± 0,89) vient en seconde position suivi de celui des plants traités avec la litière de *J. gossypifolia* (11,00 ± 1,82). Entre ces deux litières il n'existe pas de différence significative puisque le DMRT (Duncan multiple range test) les range dans le même groupe.

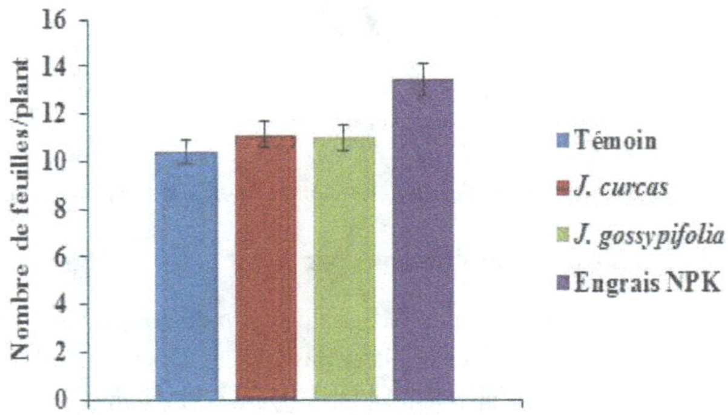

Figure 35: Nombre de feuilles par plante à 30 jours après repiquage

III.10.5 Nombre de fruits par plant

Le nombre moyen de fruits par plant varie significativement entre les traitements (0,0002< 0,001). Il varie de 8,37 ± 2,44 fruits pour le témoin à 23,87 ± 11,98 pour l'engrais chimique (Tableau 62). Les deux litières n'ont pas induit une amélioration de la production des fruits de tomate par rapport au témoin. Naika *et al.* (2005) ont montré qu'afin d'obtenir des rendements élevés chez la tomate l'apport des fertilisants est nécessaire. Il existe deux groupes de produits qui permettent d'apporter des éléments nutritifs: les fumiers organiques et les fertilisants chimiques. Les fertilisants chimiques (à l'exception du calcium) n'améliorent pas la structure du sol, mais enrichissent le sol en y apportant des éléments nutritifs. De même, les travaux de Abib (2008) menés à Ngaoundéré sur l'impact de la gestion de la matière organique sur le statut minéral des sols et des plantes ont montré qu'une augmentation de 27,16 % de la matière organique au sol conduit à une augmentation de 9,06 % de matière sèche; 0,44 % de phosphore; 19,19 % d'azote; 31,94 % de calcium et 21,54 % de magnésium dans les fruits de tomate cultivés sans engrais chimique. L'utilisation des litières comme fertilisant augmenterait donc de la matière organique du sol qui conduira à une amélioration de la qualité minérale de la plante ainsi que des aliments.

Tableau 59: Nombre total de fruits produits par plant

Traitements	Nombre de fruits
Témoin	8,37 ± 2,44[a]
J. curcas	8,87 ± 4,45[a]
J. gossypifolia	11 ± 4,40[a]
Engrais NPK	23,87 ± 11,98[b]
Probabilité	**0,0002*** **

****=P<0,001. Les valeurs portant les mêmes lettres en colonne indiquent que les traitements ne sont pas significativement différents P>0,05.*

III.10.6 Masse Moyenne d'un fruit

Pour la masse moyenne d'un fruit, il existe une différence significative (0,0476 < 0,05) entre les traitements (Figure 36). La masse moyenne d'un fruit est de 19,99 ± 8,43 g pour le témoin. Les plants de tomate amandés avec la litière de *Jatropha curcas* porte des fruits dont le poids moyen est 33,09 ± 16,17 g contre 20,44 ± 5,29 g chez ceux traités avec la litière de *J. gossypifolia*. Le poids des fruits issus des plants amandés par la litière de *J. curcas* est plus important que celui des autres traitements y compris celui à base des engrais chimiques. Ce résultat suggère que la litière de cette espèce plus riche en matières organiques, carbone, cellulose et polyphénols améliore la productivité de *Lycopersicon esculentum* en termes de poids fruitier. Sur cette base, la litière de cette espèce peut être recommandée comme fertilisant dans la culture de *L. esculentum*.

Les études de Diallo *et al.* (2008) réalisées sur la décomposition des litières pendant 7 mois et leur effet sur le mil et le maïs ont montré que les litières n'ont pas les mêmes effets sur les différents paramètres de croissance de ces deux plantes. De nombreux travaux ont montré que l'apport de litières a pour effet un enrichissement important du sol en azote minéral (ammonium et nitrate) sous les litières en décomposition (Diallo *et al.,* 2005; Samba, 2001). De même, Samaké et Sangaré (1990), travaillant sur l'effet agronomique des tourteaux de pourghère (*Jatropha curcas*), ont montré que l'amendement de 10 g de tourteaux de *Jatropha curcas*, améliore la croissance, la production de la matière sèche de mil que les engrais chimiques.

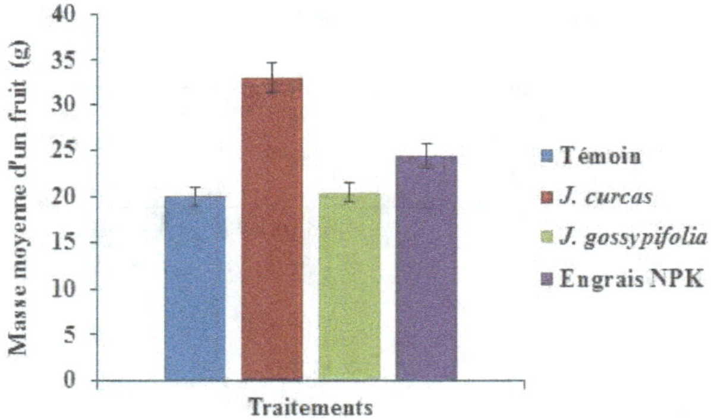

Figure 36: Masse moyenne d'un fruit en fonction des différents traitements

III.10.7 Estimation du rendement de la culture de tomate

Le rendement de fruit de tomate varie significativement (0,0002 < 0,001) entre les traitements (Tableau 63). Le rendement varie entre 2,99 ± 0,34 t/ha pour le témoin et 9,72 ± 1,14 t/ha chez les tomates traitées à l'engrais NPK. Les tomates traitées avec les litières de *J.curcas* et *J.gossypifolia* ont respectivement pour rendement 4,27 ± 1,19 et 3,72 ± 0,38 t/ha. Le rendement des tomates à base de litière est supérieur à celui du témoin bien qu'ils ne soient pas significativement différent. Ces résultats corroborent ceux d'Ibrahim et Fadni (2013) sur les effets des engrais organiques sur les propriétés du sol, la croissance et la qualité du rendement des tomates. Ils ont conclu que l'engrais organique du fumier est un amendement efficace pour améliorer les propriétés physiques, chimiques et nutritionnelles du sol et augmente le rendement des cultures. Les valeurs de rendement obtenues dans cette étude sont proches de celles trouvées par Pet Roey et Jingjing (2015). En effet, ces auteurs ont étudié l'effet des différents régimes d'engrais et des intervalles d'irrigation sur la réponse des tomates la pénurie d'eau. Ils ont trouvé que le rendement de tomate varie entre 0,95 à 7,14 t/ha. Par ailleurs, les travaux d'Hassan *et al.* (2003) ont montré que le rendement d'une culture de tomate varie en fonction de la variété, de la région de production, du type de culture et d'entretien. Ces paramètres peuvent expliquer l'absence d'un effet améliorant des litières de *Jatropha* sur la croissance et le rendement de tomate par rapport au témoin. Mais l'explication peut aussi provenir de la faible dose de poudre de litière amendée. En effet, Samaké et Sangaré (1990) ont montré que l'amendement de 5 t/ha de tourteaux de *Jatropha curcas* induit un effet équivalent à celui de 10 t/ha de fumier, mais inférieur à celui de la fumure minérale. Par contre, le tourteau de pourghère à la dose 10 t/ha induit la meilleure croissance en hauteur et la production de la matière sèche de mil. Dans notre étude, la dose de la poudre de *Jatropha* utilisée est de 2 g/pot de 20 cm de diamètre, soit 0,64 t/ha qui est largement inférieur à 5 t/ha.

Tableau 60: Rendement de la tomate

Traitements	Masse totale des fruits/plant (10^{-6}t)	rendement de fruits (t/ha)
Témoin	179,9 ± 20,43^{a}	2,99 ± 0,34^{a}
J. curcas	256,74 ± 71,51^{a}	4,27 ± 1,19^{a}
J. gossypifolia	224,04 ± 22,83^{a}	3,72 ± 0,38^{a}
Engrais NPK	584,28 ± 68,51^{b}	9,72 ± 1,14^{b}
Probabilité	**0,0006*****	**0,0002*****

****=P<0,001. Les valeurs portant les mêmes lettres en colonne indiquent que les traitements ne sont pas significativement différents P>0,05.*

CONCLUSION ET PERSPECTIVES

CONCLUSION ET PERSPECTIVES

Dans cette thèse, il a été abordé l'étude de processus de décomposition des litières chez deux espèces de *Jatropha*, des facteurs climatiques qui peuvent influencer la vitesse de ce processus et d'évaluer l'efficacité agronomique des litières de *Jatropha* sur la tomate. Les expériences ont été réalisées à la fois en condition contrôlée de laboratoire et, en condition naturelle sur le terrain, dans trois stations situées le long d'un gradient climatique. La microstation hors houppier et la station de Maroua représentent des milieux plus secs, alors que la microstation sous houppier et la station de Ngaoundéré sont des milieux plus humides. La station de Ngong a la position intermédiaire.

Concernant la production de litières, *Jatropha curcas* produit plus de deux fois et demie de litière (5,76 t/ha) que *Jatropha gossypifolia* (2,13 t/ha). La litière de *J. curcas* est plus épaisse (0,36 mm) et plus riche en polyphénols (1,29 %) et cellulose (6,51 %) que la litière de *J. gossypifolia* (épaisseur: 0,21 mm; polyphénols: 0,83 % et cellulose: 4,84 %). Par contre la litière de *J. gossypifolia* est plus riche en éléments minéraux tels que les cendres (39,11 %) et le phosphore (64,96 mg/100gMS) que la litière de *J. curcas* (cendres: 31,90 %; phosphore: 50,27mg/100gMS). Les litières des deux espèces ne diffèrent pas significativement entre elles par les concentrations en lignine, en calcium et en magnésium.

La perte en masse des litières lors de la décomposition des litières de *Jatropha curcas* et de *Jatropha gossypifolia,* décomposées *in situ* sous et hors houppier dans trois stations situées le long d'un gradient climatique varie significativement entre 76,16 % pour le traitement sous houppier à Maroua avec la litière de *J. gossypifolia* (JGSHM) à 100 % pour le traitement hors houppier à Ngaoundéré avec la litière de *J. gossypifolia* (JGHHN). Cette perte en masse de litière est totale (100 %) au bout d'un an d'incubation de litières pour tous les traitements.

La vitesse de décomposition des litières ne diffère pas significativement pour tous les traitements, à l'exception de la station de Ngaoundéré où la litière de *Jatropha gossypifolia* (0,23 % semaine^{-1}) se décompose plus vite que celle de *Jatropha curcas* (0,14 % semaine^{-1}).

Entre les deux microstations (hors et sous houppier), la vitesse de décomposition des litières ne diffère pas significativement pour les deux espèces dans la station intermédiaire (Ngong) et pour la litière de *Jatropha curcas* épaisse et riche en polyphénols et lignine dans la station plus humide (Ngaoundéré). Par contre, dans la station la plus sèche (Maroua) pour les deux espèces et dans la station la plus humide (Ngaoundéré) pour *Jatropha gossypifolia,* la vitesse de décomposition de litières plus faibles sous houppier (0,08; 0,08 et 0,15 % semaine^{-1}) que hors houppier (0,15; 0,17 et 0,23 % semaine^{-1}).

Entre station d'étude, la vitesse de décomposition des litières ne diffère pas significativement pour *Jatropha curcas* sous et hors houppier. Par contre, pour la litière de *Jatropha gossypifolia,* la vitesse de décomposition de litière réalisée dans la station plus humide (Ngaoundéré) est plus élevée que celle dans les deux autres stations (Maroua et Ngong) sous et hors houppier.

La dynamique de libération des composés biogènes au cours de la décomposition de litières varie selon la station, la microstation, l'espèce et l'élément chimique considéré. À seize semaines d'incubation, la libération globale des nutriments se fait dans l'ordre suivant: phosphore (60,15 % de la valeur initiale) > magnésium (52,12 %) > azote (45,79 %) > calcium (34,12 %).

Dans l'ensemble les libérations des nutriments les plus élevées ont été observées dans les traitements hors houppier à Maroua avec la litière de *Jatropha curcas* (JCHHM), les plus faibles dans les traitements sous houppier à Ngaoundéré avec la litière de *Jatropha curcas* (JCSHN).

L'influence de la station, de la microstation et l'espèce végétale sur la décomposition des litières de *Jatropha* et la libération des composés biogènes au cours de la décomposition des litières sur le terrain s'expliquerait par les conditions climatiques des stations et de microstation en particulier les radiations solaires et les conditions d'humidités, ainsi que les caractéristiques physico-chimiques des litières, en particulier l'épaisseur, l'indice de sclérophyllie, les teneurs en lignine, en cellulose et en polyphénols des litières des deux espèces.

L'efficacité agronomique des litières de *Jatropha* a été évaluée sur la croissance et le rendement de la tomate. Les litières des deux espèces ont amélioré la croissance en hauteur de la tomate par rapport au témoin négatif seulement. Cependant les effets de litières des deux espèces ne sont pas significativement différents. La litière de *Jatropha curcas* a induit une large amélioration de la masse moyenne de fruits par plant (33,09 g) par rapport au témoin négatif (19,99 g), à la litière de *Jatropha gossypifolia* (20,44 g) et l'engrais chimique (24,02g).

Par contre, on n'a pas observé des effets améliorant des litières de deux espèces sur le diamètre de la tomate, sur le nombre de ramification et feuille par plant et le rendement de la tomate. Ceci est du probablement à la faible dose utilisée dans l'expérience.

Au terme de ce travail, il serait souhaitable de:

- étudier l'effet de mélange de litières sur leur décomposition et le rendement de la tomate;

- déterminer la dose minimale de litière pour améliorer le rendement de la tomate

- déterminer la composition chimique des récoltes;

- étendre cette étude à d'autres cultures

RÉFÉRENCES BIBLIOGRAPHIQUES

RÉFÉRENCES BIBLIOGRAPHIQUES

Aber J., Mc Dowell W & Nadelhoffer K., 1998. Nitrogen saturation in temperate forest ecosystems: hypotheses revisited. *Bioscience,* 48: 921-934.

Abdoul K. A. G., 2011. Le "système *Jatropha*" pour l'écodeveloppement au Sahel. Master de développement spécialité gestion de l'environnement. *Economie et Finance.* 6 p.

Abib F. C., 2008. Impact de la gestion de la matière organique sur le statut minéral des sols et des plantes dans la localité de Dang (Ngaoundéré, Cameroun). Mémoire DEA en Sciences Alimentaires et Nutrition. 78 p.

Abugre S. & Sam S. J. Q., 2010. Evaluating the allelopathic effect of *Jatropha curcas* aqueous extract on germination, radicle and plumule length of crops. *International Journal Agriculture Biology,* 12: 769-772.

Abugre S., Oti-Boateng C. & Yeboah M. F., 2011. Litter fall and decomposition trend of *Jatropha curcas* L. leaves mulches under two environmental conditions. *Agriculture and Biology Journal of North America,* 2 (3): 462-470.

Adamou I., Sali B., Mana P. H., Patrick P. & Jean. L., 2016. Effets du type de fertilisation sur la productivité du *Jatropha curcas* en zone des savanes d'Afrique Centrale: cas de la localité de Sanguéré Paul au Nord Cameroun. *Journal of Applied Biosciences,* 99: 9433-9440.

Aerts R., 1997. Climate, leaf litter chemistry and leaf litter decomposition in terrestrial ecosystems: a triangular relationship. *Oikos,* 79: 439-449.

AFNOR., 1982. Recueil des normes françaises des produits dérivés des fruits et légumes. Jus de fruits. 1[ére] édition. Paris (France). 327 p.

Ahuja L. R., 2003. Quantifying agricultural management effects on soil properties and processes, *Geoderma,* 116 p.

Alfons Ü., 2007. *Jatropha* à Madagascar- Rapport sur l'état actuel du secteur. Gesellschaft für technische Zusammenarbeit (GTZ) Madagascar. 32 p.

Anguessin B., 2010. Caractérisation botanique et ethnobotanique du genre *Jatropha* dans le département du Mayo-Louti (Nord, Cameroun). Mémoire de Master Université de Ngaoundéré. 49 p.

Anguessin B., 2015. Ethnobotanique du traitement des mycoses digestives dans l'Arrondissement de Guider (Nord/ Cameroun). Mémoire DIPES II, Université de Yaoundé I. 90 p.

Anonyme, 2007. Changement climatique. *Le double défi du changement climatique*: La réduction des émissions de gaz à effet de serre, l'adaptation aux impacts du changement climatique. *Les Plans « Climat-énergie » territoriaux.* Ministère de l'écologie, du développement et de l'aménagement durable. France. 9 p.

Anonyme, 2008: le système agroforestier. « *La vulgarisation de l'agro-écologie: de la théorie au terrain* ». 5 p.

Anonyme, 2014. Communes et villes unies du Cameroun: United councils and cities of cameroon.http://cvuc.cm/national/index.php/fr/carte-communale/region-du-sud/130-association/carte-administrative/nord/benoue/512-ngong

Aubréville A., 1949. Climats, forêts et désertification de l'Afrique tropicale, Edition Géographie Maritime et Coloniale, Paris, 351 p.

Austin A. T. & Vitousek P. M., 2000. Precipitation, decomposition and litter decomposability of *Metrosideros polvmorpha* in native forests on Hawai'i. *Journal of Ecology,* 88: 129-138.

Baldini S., 1993. Produits forestiers non ligneux dans la région méditerranéenne. FO: *MISC/93/4* Document de travail. 44 p.

Ballerini D., 2006. Les biocarburants: perspectives, risques et opportunités. Edition Technip, 190 p.

Bamps P., 1970. Répartition géographique du genre *Lophira* Banks ex Gaertn (Ochnaceae). Bulletin du *Jardin Botanique National de Belgique*, 40 (4): 291-294.

Bardgett R.D., 2005. The Biology of Soil: A Community and Ecosystem Approach. Oxford: *Oxford University Press,* 253 p.

Bayala J., Mando A., Teklehaimanot Z. & Ouedraogo S. J., 2005. Nutrient release from decomposing leaf mulches of karité (*Vitellaria paradoxa*) and nére´ (*Parkia biglobosa*) under semi-arid conditions in Burkina Faso, West Africa. *Soil Biology & Biochemistry*, 37: 533-539.

Bemhard-Reversat F., Masse D. & Harmand J-M., 2000. Qualités des litières et décomposition dans les jachères naturelles. *La jachère en Afrique tropicale*- Ch. Floret, R. Poruanier John Libbey Eurotext, Paris, pp. 194-203.

Berchmans H., J. & Hirata S., 2008: Biodiesel production from crude *Jatropha curcas* L. seed oil with a high content of free fatty acids; *Bioresource Technology,* 99: 1716-1721.

Berendse F., 1994. Litter decomposability-A neglected component of plant fitness. *Journal of Ecology*, 82: 187-190.

Berg B., 1984. Decomposition of root litter and some factors regulting the process: long-term root litter decomposition in a Scots pine forest. *Soil Bilogy & Biochemestry,* 16: 609-617.

Berg B., Ekbohm G. & Mc Claugherty C., 1984. Lignin and holocellulose relation during long term decomposition of some forest litters. Long-term decomposition in a Scots pine forest IV. *Canadian Journal Botanic,* 62: 2540-2550.

Berg B. & Soderstrom B., 1979. Fungal biomass and nitrogen in decomposing Scots Pine needle litter. *Soil biology and biochemistry*, 11: 339-341.

Berg B. & Staaf H., 1981. Leaching, accumulation and release of nitrogen in decomposing forest litter. Ecological Bulletin 33: 163-178.

Berg B. & Wessen B., 1984. Changes in organic-chemical components and in growth of fungal mycelium in decomposing birch leaf litter as compared to pine needles. *Pedobiologia,* 26: 285-298.

Berhaut J., 1967. Flore du Sénégal. 2ème édition. 485 p.

Bergonzini J.C., 2004. Changements climatiques, diversité biologique, et forêts, SILVA RIAT. 146 p.

Bernhard-Reversat F., Main G., Holl K., Loumeto J. & Ngao J., 2003. Fast disappearance of the water-soluble phenolic fraction in eucalypt leaf litter during laboratory and field experiments. *Applied Soil Ecology,* 23: 273-278.

Bertrant I., Chalbert B., Kurek K. & Recours S., 2005. Can the biochemical features and histology of wheat residues explain their decomposition in soil? Plant and soil. *Press,* 7 p.

Bocock K. L., 1963. Changes in the amount of nitrogen in decomposing leaf litter of sessile oak (*Quercus petraea*). *Journal of Ecology*, 51: 555-566.

Bolin B. & Cook R. B., 1983. The major biogeochemical cycles and their interactions, John Wiley and Sons, New York, ISBN-13: 978- 0471105220.

Bossa J. R., Adams J. F., Shannon D. A. & Mullins G. L., 2005. Phosphorus and potassium release pattern from *Leucaena* leaves in three environment of Haiti. *Nutrients Cycling in Agroecosystems*, 73: 25-35.

Bothwell L. D., Selmants P. C., Christian P. Giardina C. P., and Creighton L. M., 2014. Leaf litter decomposition rates increase with rising mean annual temperature in Hawaiian tropical montane wet forests. PeerJ 2: e685; DOI 10.7717/peerj.685. 12 p.

Botineau M., 2010. Botanique systématique et appliquée des plantes à fleurs. Édition Tec & Doc, Lavoisier. 1112 p.

Boukar S. L., Floret C., Kuoh M. H. & Pontanier R., 1991. Dégradation des vertisols dans le Nord-Cameroun: modification du régime hydrique des terres et tentative de réhabilitation. *Utilisation rationnelle de l'eau des petits bassins versants en zone aride.* Ed. AUPELFUREF. John Libbey Eurotext, Paris, pp. 287-294.

Boutrais J., 1995. Hautes terres d'élevage au Cameroun. Thèse de Doctorat de géographie, Université de Paris X, Orstom, 1302 p.

Brabant P. & Gavaud M., 1985. Les sols et les ressources en terres du Nord-Cameroun (Provinces du Nord et de l'Extrême Nord): cartes à: 1:500000 Feuille Nord: Maroua-Kousseri Feuille Sud: Garoua. Paris: ORSTOM, (103), 285 p.

Bruckert S., Toutain F., Tchicaya J. & Jacquin F., 1971. Influence des pluviolessivats de hêtre et de pin Sylvestre sur les processus d'humification. *Oecologia Plantarum*, 6: 329-339.

Cadish G. & Giller K. E., 1997. Driven by Nature: Plant Litter Quality and Decomposition. Wallingford: CAB Int. 432 p.

Carreiro M. M., Howe K. & Parkhurst D. F., 1999. Variation in quality and decomposability of red oak leaf litter along an urban-rural gradient. *Biology and Fertility of Soils,* 30: 258-268.

Chadda D., 2008. Influence des matières organiques (feuilles, châtons et racines) du noyer (*Juglans regia* l) sur le comportement de jeunes plants de pommier (*Malus domestica borkh*) dans la région de r'haouat (hidoussa) (belezma). Mémoire de magister, Université El Hadj Lakhdar. 173 p.

Chandrasekaren S. & Swamy P. S., 2002. Biomass, litterfall and aboveground net primary productivity of herbaceous communities in varied ecosystems at kodoyan in the western Ghats of Tamil Nadu. *Agriculture, Ecosystems and environnement*, 88: 60-71.

Chapin F. S. III., Zavaleta E. S., Eviner V. T., Naylor R. L, Vitousek P. M. & Reynolds H. L., 2000. Consequences of changing biodiversity. *Nature,* 405: 234-242.

Chevalier A., 1937. Les plantes magiques cultivées par les Noirs d'Afrique et leur origine. *Journal de la Société des Africanistes, 7* (1) *:* 93-105.

Clark L. E. & Sunderland T. C. H., 2004. The key non-timber forest products of central Africa. State of the knowledge, technical paper number 122. Office of sustainable development, Bureau for Africa Washington D.C: USAID. 154 p.

Coelho N. A. L., 1987. Overlandflow production in a tropical rainforest catchment: the role of litter cover. *Catena*, 14: 213-231.

Collard C., 1977. Organisation sociale des Guidar ou Baynawa (Cameroun septentrional) Thèse de Doctorat en Ethnologie, Ecole pratique des hautes études, pp. 3-13.

Corte Z. J., Demar J. M., Bottne R. P & Jocteumr Onrozie L. R., 1996. Decomposition of mediterraneanleaf litters: a microcosm experirnent investigating relationship between decomposition rate and litter quality. *Soil Biology Biochemestry,* 28: 443-452.

Croquist A., 1981. An integrated system of classification of flowering olants. 2ème édition. 1262 p.

Das C. & Mondal N. K., 2016. Litterfall, decomposition and nutrient release of *Shorea robusta* and *Tectona grandis* in a sub-tropical forest of West Bengal, Eastern India. *Journal For Research,* 27(5): 1055-1065.

Dashtban M., Schraft H., Syed A. & Qin W., 2010. Fungal biodegradation and enzymatic. *Biochemestry Molecular Biology*, 1(1): 36-50.

Delleré R., 1991. Exposé introductif. Journée d'étude: intensification agricole et environnement en milieu tropical (eds), Bruxelles, Belgique, 13 p.

Dhale D. A. & Birari R., 2010. Preliminary screening of antimicrobial and phytochemical studies of *Jatropha gossypifolia* L. *Research Sciences Technics,* 2: 24-28.

Diallo M. D., Guissé A., Badiane-Niane A., Sall S. & Chotte J. L., 2005. *In situ* effect of some tropical litters on N mineralization. *Arid Land Res Manage,* 19: 73-81.

Diallo M-D., Chotte J-L., Guissé A. & Sall., 2008. Influence de la litière foliaire de cinq espèces végétales tropicales sur la croissance du mil (*Pennisetum glaucum* (L.) et du maïs (*Zea mays* L.). *Sécheresse,* 19 (3): 07-10.

Dieye T., Assigbetse K., Diedhiou I., Sembene M., Dieng A. L., Gueye M. & Masse D., 2016. The effect of *Jatropha curcas* L. leaf litter decomposition on soil carbon and nitrogen status and bacterial community structure (Senegal). *Journal of soil science and environmental management,* 7(3): 32-44.

Domergue M. & Piror R., 2008. *Jatropha curcas* L - Rapport de synthèse bibliographique, Agro génération. 118 p.

Donfack P. & Seignobos C., 1996. Des plantes indicatrices dans un agrosystème incluant la jachère: les exemples des peulhs et des Giziga du Nord Cameroun. *Journal Agriculture Traditionnelle et de Botanique Appliquée,* 1: 231-250.

Douffissa A., 1988. L'élevage des bovins dans le Mbéré, en Adamaoua camerounais. 159 p.

Duchaufour P., 1991. Pédologie: 1/ Pédogenèse et classification. Masson. Paris, 477 p.

Duncan D. B. 1955. Multiple Range and Multiple F- test. *Biometrics.* 11:1-42.

Epstein H. E., Burke I. C. & Lauenroth W. K., 2002. Regional patterns of decomposition and primary production rates in the US Great Plains. *Ecology,* 83: 320-327.

Estrada P. M, Pihlatie M., Korhonen F. J., Levula J., Frumau K. F., Andreas Ibrom A., Jonas J. Lembrechts J. J., Morillas L., Horváth L., Jones K. S. & Niinemets Ü., 2016. Climatic controls on leaf litter decomposition across European forests and grasslands revealed by reciprocal litter transplantation experiments. *Biogeosciences,* 13: 1621-1633.

Eviner V. T. & Chapin F. S. III., 2003. Functional matrix: a conceptual framework for predicting multiple plant effects on ecosystem processes. *Annual Review Ecology Evolution & Systematics,* 34: 487-515.

FAO, 2001. Stratégie de développement rural. Programme de relance du secteur forestier en RDC. Note de cadrage. Rome: FAO. 26 p.

FAO, 2002. « Renforcement de la sécurité alimentaire en Afrique Centrale à travers la gestion et l'utilisation durable des produits forestiers non ligneux » (GCP/RAF/398/GER), 21 p.

FAO., 2003. Produits forestiers non ligneux. Division des produits forestiers. Rome (Italie), 76 p.

FAO., 2006. Les perspectives de la certification des produits forestiers non ligneux en Afrique Centrale. Projet GCP/RAF/398/GER. Yaoundé. 122 p.

Fawa G., Mapongmetsem P. M., Noubissié Tchiagam J. B. & Bellefontaine R., 2015. Multiplication végétative d'une essence locale d'intérêt socioéconomique au Cameroun: *Ximenia americana* L. *Vertigo,* 13 p. https://journals.openedition.org/vertigo/15483

Feroya A., 2012. Influence des poudres de l'argile, des feuilles vertes de *Mucuna intense* Benth et de *Vitellaria paradoxa* F.C. Gaertn, sur la croissance et le rendement du haricot (*Phaseolus vulgaris* L.) à Dang, Ngaoundéré, Cameroun. Mémoire de Master, Faculté des Sciences, Université de Ngaoundéré, 60 p.

Firdaus M. S., Hanif A. H. M., Safiee A. S. & Ismail M. R., 2010. Carbon Sequestration Potential in Soil and Biomass of *Jatropha curcas*. Paper presented on the 19th World Congress of Soil Science, Soil Solutions for a Changing World in Brisbane, Australia, 1-6 August 2010. Accessed from http://iuss.org/19th%20WCSS/Symposium/pdf/0423.pdf

Fogel R. & Cromack K., 1977. Effect of habitat and substrate quality on Douglas fir Litter decomposition in western Oregon, *Canadian Journal of Forest Reseach,* 55: 1632-1640.

Fornara D. A. & Du Toit J. T., 2008. Browsing-induced effects on leaf litter quality and decomposition in a Southern African Savanna. *Ecosystems,* 11: 238-249.

Gaikwad R. S, Kakde R. B., Kulkarni A. U, Gaikwad D. R. & Panchal V. H., 2012. *In vitro* antimicrobial activity of crude extracts of *Jatropha* species. *Curr Bot,* 3: 09-15.

Gallardo A. & Merino J., 1993. Leaf decomposition in two Mediterranean ecosystems of southwest sapm: influence of substrate quality. *Ecology,* 74: 152-161.

Gbemavo C. J., Gandji K., Gnangle C. P., Assogbadjo A. E., Glèlè Kakaï R. L., 2015. Variabilité morphologiques et conservation des morphotypes de

Jatropha curcas Linn. (Euphoriaceae) au Bénin. *Journal of Agriculture and Environment for International Development*, 109 (1): 55- 69.

Gbosségnon C., 2007. Situation des biocarburants en Afrique de l'ouest. Extrait du RIAED/Réseau international d'accès aux énergies durables. 4 p.

Geddes N. & Dunkerley D., 1999. The influence of organic litter on the erosive effects of raindrops and of gravity drops released from desert shrubs. *Catena,* 36: 303-313.

Gillon D., Joffre R. & Ibrahima A., 1994. Initials properties and decay rate: a microcosm experiment on Mediterranean species. *Canadian Journal of Botanic,* 72: 946-954.

Gillon D., Joffre R. & Ibrahima A., 1999. Can litter decomposability be predicted by Near Infrared reflectance Spectroscopy? *Ecology*, 80(1): 175-186.

Ginter D. L., Mcleod K. W. & Sherrod C., 1979. Water stress in longleaf pine induced by litter removal. *Forest Ecology and Management*, 2: 13-20.

Grain, 2007. Le *Jatropha* l'agrocarburant des pauvres? 50 p.

Godeas A. M., 1987. Decomposition studies on *punis teada* forest, *Pedologia,* 30: 323-333. **Gosz J. R., Llkens G. E., Bormann F.H., 1973**. Nutrient release from decomposing leaf and branch litter in the Hubbard Brook Forest, New Hampshire. *Ecological Monography,* 43: 173-191.

Goulden C., 2005. Decomposition rates of forest and steppe vegetation. Retrieved on Dec 2, 2006 from http://www.hovsgolecology.org/04_research/Decomposition

Gower S.T & Son Y., 1992. Differences in soil and leaf litterfall nitrogen dynamics for five forest plantations. *Soil Science. Soc. Am. J.,* 56: 1959-1966.

Guerrere V. & Fanny M., 2013. Principe de combustion et composition des cendres. *Projet Agriculture Biomasse et Cendres de Guyane-SIMA-PECAT Guyane-Note Technique n°1,*10 p.

Hamawa Y., 2001. Décomposition des litières de trois fruitiers sauvages (*Lophira lanceolata, Uapaca togoensis, Ximenia americana*) dans les savanes de l'Adamaoua (Cameroun). Mémoire de maîtrise. Université de Ngaoundéré. 22 p.

Harborne J. B., 1997. «Role of plant secondary metabolites in plants and their degradation in nature », *in* Cadisch & Giller, pp. 67-74.

Hassan E., Ahmed S., Abdellatif E., 2003. Fiche technique: la tomate, l'aubergine le poivron et le gombo. Programme National de Transfert de Technologie en Agriculture (PNTTA). *Bulletin mensuel d'information et de Liaison* n° 100, 4 p. http: // agriculture ovh.org

Heller J., 1996. Physic nut. *Jatropha curcas* L. In: International Plant Genetic Resources Institute (IPGRI), Promoting the conservation and use of underutilized and neglected crops. *Prom Underused Crops,* 1:1-66.

Henning R., 2000. Use of *Jatropha curcas* oil as raw material and fuel: an integrated approach to create income and supply energy for rural development. Experiences of the *Jatropha* Project in Mali, West Africa. Presentation at the International Meeting "Renewable 15 Energy. A Vehicle for Local Development-II". Folkecenter for Renewable Energy, Denmark. 5 p.

Hobbie S. E., 1992. Effects of plant species on nutrient cycling. *Trends in Ecology and Evolution,* **7**: 36-39.

Huang M-F., Yu, J-G. & Ma X-F., 2004. Studies on the properties of montmorillonite reinforced thermoplastic starch composites. *Polymer*, 45(20): 7017-7023.

Humbel F. X., 1966. Etude de certains sols rouges à sables quartzeux de l'Adamaoua (Cameroun). Orstom, Yaoundé (Cameroun), 28 p.

Humbel F. X., 1971. Carte pédologique de Ngaoundéré 10 à 1/50000. Centre de Yaoundé, Cameroun. ORSTOM, Yaoundé, Cameroun. Note explicative. 118 p.

Hunt H. W., Ingham E. R., Coleman D. C. & Reid C. P. P., 1988. Nitrogen limitation of production and decomposition in praire, mountain meadow, and pine forest. *Ecology*, 69: 1009-1016.

Hurault J., 1975. Surpâturage et transformation du milieu physique: formations végétales, hydrologie de surface, géomorphologie: l'exemple des hauts plateaux de l'Adamaoua (Cameroun). Etude de photo-interprétation n°7. Paris, Institut géographique national, 206 p.

Ibrahim K. H. M. & Fadni O. A. S., 2013. Effect of organic fertilizers application on growth, yield and quality of tomatoes in North Kordofan (sandy soil) Western Sudan. *Greener Journal of Agricultural Sciences*, 3(4): 299-304.

Ibrahim O., 2006. Etude en microcosmes de l'influence des organismes du sol sur la décomposition des litières de trois essences agroforestières des savanes de Ngaoundéré (Cameroun). Mémoire de maîtrise, Université de Ngaoundéré. 32 p.

Ibrahima A., 1991. Relation entre la qualité de litière et vitesse de décomposition. Mémoire de DEA. Université de Montpellier II. 34 p.

Ibrahima A., 1995. Approches expérimentale et spectroscopique de la décomposition de litières méditerranéennes. Thèse de Doctorat, Université de Montpellier II, sciences et techniques de Languedoc, France, 170 p.

Ibrahima A., Joffre R. & Gillo D., 1995. Changes in litter during the initial leaching phase an experiment on the leaf litter of Mediterranen species. *Soil Biology and Biochemestry*, 27: 931-939.

Ibrahima A., Biyanzi P. & Halima M., 2008. Changes in organic compounds during leaf litter leaching: laboratory experiment on eight plant species of the Sudano-guinea Savannas of Ngaoundere, Cameroon. *i Forest-Biogeosciences & Forestry,* 1: 27-33.

Ibrahima A., Schmidt P., Kether P. & Mohren G. J. P., 2002. Phytomasse et des nutriments la forêt tropicale dense humide du Sud Cameroun. Tropenbos-Cameroun document Kribi-Cameroun, 84 p.

Ibrahima A., Mapongmetsem, P. M., Nguetnkam J-P & Longmou J., 2000. Décomposition des litières de quelques essences agroforestières en zone soudano-guinéennes de l'Adamaoua, Cameroun. *Biosciences, Environnement et contrôle de qualité. Biosciences Proceedings*, 7: 387-395.

Ibrahima A., Nguetnkam J-P, Hamawa Y., Todou G., Wanyaola B. & Doba R., 2003.

Dynamique d'absorption d'eau et de lessivage des litières de neuf espèces agroforestières des savanes soudano-guinéennes de l'Adamaoua, Cameroun. *Revue de l'Académie des Sciences du* Cameroun, 3:35-45.

Ibrahima A., Ntonga J. C & Mvondo Ze A. D., 2010. Leaf litter decomposition in tropical rainforest of Ebom, Southwest Cameroon: comparison among guild classes. *Tropical Ecology,* 51(2): 247-254.

Ibrahima A., Mvondo Ze A. D. & Ntonga J. C., 2011. Litter decomposition and nutrient dynamics of ten selected tree species in tropical rainforest of Ebom, southwest Cameroon. *International Journal of Biological and Chemical Science*, 5 (1): 11-27.

Ibrahima A., Adda Magouo D., Ibrahim O. & Hassana B. 2017. Synergistic effects of earthworms and soil microorganisms on litter decomposition in sudano-guinea savannah zone of Ngaoundere, Cameroon. *International Journal of Agricultural Research, Sustainability, and Food Sufficiency,* 4(1): 133-150.

IBGE, 2009. Les biocarburants ou agrocarburants (ER 13). Infos fiches-énergies. 5 p. **ICRAF, 1990.** Agroforesterie pour les zones sèches africaines. Nairobi, Kenya. 10 p. **Iiyama K., Lam T. T. B. & Stone B. A., 1994.** Covalent cross-links in the cell wall. *Plant Physiology*, 104: 315-320.

Ikbel Z., Chaabane A., Foued H. & Brahim H., 2013: Dynamique de la décomposition des litières dans les sols forestiers. Actes du 1er Colloque International "Ressources Sylvopastorales et Développement Durable en Méditerranée, tenu à Tabarka du 19 au 21 Octobre 2010. *Annales de l'INRGREF,* 18: 63-75.

Imène A., 2009. Le changement climatique, le protocole de Kyoto et les relations transatlantiques, *Politique étrangère* 1 (Printemps), pp. 103-116.

INS., 2015. Institut National de la Statistique. Climatologie, Annuaire Statistique du Cameroun, édition 2015.

Janel P., 1978. Etude saisonnière des formes d'azote organique dans trois types d'humus sous hêtraie, moder, mull acide, mull calcaire. Thèse Doctorat, Université de Nancy I, 63 p.

Jansen O., Angenot L., Tits M., Nicolas J. P., Mol D. P., Nikiema J. B. & Frederich M., 2010. Evaluation of 13 selected medicinal plants from Burkina Faso for their antiplasmodial properties. *Ethnopharmacology*, 130:143-150.

Jessica L. B., 2009. Caractérisation des stocks de carbone de 5 types de formations végétales dans un secteur du bassin versant de la rivière Eastmain, Baie James. Université du Québec à Montréal, 161 p.

Jeyanny V., Wan Rasidah K., Ahmad Husni M. H., Siva Kumar B., Muhammad

Johnson D. B., Moore W. E. & Zank L. C., 2015. The spectrophotometric determination of lignin in small wood samples. *Tappi,* 44: 793-798.

Jongschaap R. E. E., Corré W. J., Bindrahan P S. & Bandenburg W. A., 2007. Calims and facts on *Jatropha curcas* L., 66 p.

Kaho F., Yemefack M., Feujio-Teguefouet P. & Tchantchaouang J. C., 2011. Effet combiné des feuilles de *Tithonia diversifolia* et des engrais inorganiques sur les rendements du maïs et les propriétés d'un sol ferralitique au Centre Cameroun. *Tropicultura*, 29(1): 39-45.

Kalba S., 2006. Influence de l'arbre et de termites sur la décomposition des litières de quelques espèces agroforestières des savanes de Ngaoundéré,

Cameroun. Mémoire de Maîtrise de Biologie et Physiologie Végétales, Faculté des sciences, Université de Ngaoundéré, 52 p.

Kazakou E., 2006. Vie, mort et décomposition des feuilles d'espèces de succession secondaire méditerranéenne: vers une intégration de la gestion des éléments minéraux par les végétaux. Centre d'Ecologie Fonctionnelle et Evolutive (CNRS)-UMR5175. France, Université de Montpellier II. Ph.D. 166 p.

Kerharo J. & Adam J. G., 1974. La pharmacopée sénégalaise traditionnelle, Plantes médicinales et toxiques. Edition Vigot Frères. Paris, 1011 p.

Killham K., 1994. *Soil ecology.* Cambridge: *Cambridge University Press*, 245 p.

Konig D., 1992. L'agriculture écologique agro-forestière, une stratégie intégrée de conservation des sols au Rwanda. *Bull. Réseau Erosion*, IRD-Montpellier, 12: 130-139.

Laplante A. & Bachelier G., 1954. Processus pédologiques de la formation des cuirasses dans l'Adamaoua (Nord-Cameroun). *Revue de Géomorphologie Dynamique*, 5: 214-219.

Laura A. & Yolanda M., 2007. Spatial variability in decomposition rates in a desert scrub of Northwestern Mexico. *Plant Ecology.* Springer Science + Business Media B.V pp 213-225.

Lavelle P., Blanchart E., Martin A. & Martin S., 1993. A hierarchical model for decomposition in terrestrial ecosystem: application to soils of a humid tropic. *Biotropica*, 25:130-150.

Le Bourgeois T., 1992. Les mauvaises herbes dans la rotation cotonnière au Nord-Cameroun (Afrique): amplitude d'habitat et degré d'infestation, phénologie. Thèse Doctorat Université Montpellier II, Sciences Technologies du Languedoc. 204 p.

Lairon D., Termine E., Gauthier S. & Lafond H., 1985. Teneur en nitrates des productions maraîchères obtenues par des méthodes de l'agriculture biologique. *Sciences Aliments*, 5: 337-343.

Lemée G., 1974. Recherches sur les écosystèmes des réserves biologiques de la Forêt de Fontainebleau. IV. *Oecologia plantarum*, 9: 187-200.

Letouzey R., 1968. Etude phytogéographique du Cameroun. Encyclopédie biologique. Lechevalier, Paris, 511 p.

Leuga M. C., 2010. Dynamique des nutriments au cours de la décomposition des 6 litières dans les savanes soudano-guinéennes de Ngaoundéré, Cameroun. Mémoire de Master, Université de Ngaoundéré. 52 p.

Lin X., Hu J., Wang J., Dai J., Chen R., Zhang J. & Wong M. H., 2011. Microbial functional diversity, metabolic quotient, and invertase activity of a sandy loam soil as affected by long-term application of organic amendment and mineral fertilizer. *Journal of Soils Sediments,* 11:271-280.

Liski l. H., Iivesniemi A., Makela & Westman C. J., 1999. CO2 ernissions from soil in response to climatic warming are overestimated-the decomposition of old soil organic matter is tolerant of temperature. *Ambio,* 28: 171-174.

Mangenot F., 1980. Les litières forestières: signification écologique et pédologique. Laboratoire de Botanique et Microbiologie. Université de Nancy I. Case officielle n° 140/54037 NANCY CEDEX. 355 p.

Mangenot F. & Toutain F., 1980. Les litières. Actualité d'Ecologie forestière: Sol, flore et faune Gauthier - Villars, Paris. 345 p.

Mapongmetsem P. M., 2005. Décomposition et apport au sol des composés biogènes par la litière foliaire de quelques fruitiers locaux des hautes savanes guinéennes (Adamaoua, Cameroun). Thèse de Doctorat d'Etat, Université de Yaoundé I, Yaoundé Cameroun. 287 p.

Mapongmetsem P. M. & Ibrahima A., 1999. *Sesbania pachycarpa* et jachère améliorée en zone soudano-guinéenne(Cameroun). *In Floret C et Pontanier R.* (eds), La jachère en Afrique tropicale. IRA, Dakar, Sénégal, 32 p.

Mapongmetsem P. M., Tchiegang-Megueni C., Nkongmeneck B. A., Kapseu C. &

Kayem G. J., 1997. Agrofroestry potentials of the indigenous tree species in northern Cameroon. *Jounal of Biochemistry Science*, 7 (1): 24-29 p.

Mapongmetsem P.M.,Baye-Niwah C., Longmou J., Loura B., Nkongmeneck.,

Ngassoum M. B. & Übbük H., 2005. Litterfall, decomposition and nutrients release in *Vitex doniana* sweet and *Vitex madiensis* oliv. In the sudano-guinea savannah. *Akdeniz Universitesi Ziraat Fakültesi Dergisi,* 18(1): 63-75.

Mapongmetsem P. M., Hamawa Y., Djeumene P., Maissele D., Kossebe C. F., Ndoum J.

F., Nduryang J. B., Bebbe F., Bouba D., Wouldata S., Zigro L. & Barbi M., 2008. Valorisation des plantes alimentaires sauvages dans les savanes soudano-guinéennes du Cameroun. In: Kapseu C., Mbofung C.M. et Amvam Zollo P.H. (éds). Développement de l'"agro-industrie et création des richesses. *Actes du Colloque International*, Ngaoundéré, Cameroun, pp. 50-61.

Marigo G., 1973. Méthode de fractionnement d'estimation des composés phénoliques chez les végétaux. *Analysis,* 2(2): 106-110.

Maynard A. J., 1970. Methods in food analysis physical, chemical and instrumental methods of analysis. 2nd edition. Academic press N. Y., San Francisco. London. 845 p.

Mazliak F., 1974. Physiologie végétale et métabolisme. Hemann, Paris, pp. 171-180.

Meentemeyer V., 1978. Microclimate and lignin control of litter decomposition rates.

Ecology, 59: 465-472.

Melillo J. M., Aber J. & Muratore J., 1982. Nitrogen and lignin control of hardwood leaf litter decomposition dynamics. *Ecology,* 63: 621-626.

Milleville P., Combes J. & Marchal J., 1982. Système d'élevage sahélien de l'Oudalan.

Etude de cas. ORSTOM, Ouagadougou, 127 p.

Mitchell D. T., Colley P. G. F., Webbs S. & Alisapp N., 1986. Litter decomposition process in the costal fynbos vegetation, South West Caape. South Africa. *Ecology*, 74: 970-993.

Mo J., Brown S., Peng S. & Kong G., 2003. Nitrogen availability in disturbed, rehabilitated and mature forests of tropical China. *Forest Ecology and Management*, 175: 573-583.

Molenaar J. W. & Kessler J. J., 2008. CATALIST: Catalyser l'Intensification Agricole Accélérée pour la Stabilité Sociale et Environnementale dans la Région des Grands Lacs de l'Afrique Centrale, Manuel de formation sur l'Agroforesterie dans le cadre de l'intensification agricole, Kigali, 43 p.

Monnier F., 1959. La situation fourragère de Wakwa. Programme d'études et premières réalisations. Ngaoundéré, station de Wakwa, 284 p.

Moore T. R., Trofymow J. A. & Taylor B., 1999. Litter decomposition rates in Canadian forests. *Global Change Biology,* 5: 75-82.

Morrison I. M., 1972. A semi-micro method for the determination of lignin and its predicting the digestibility of forage crops. *Journal of the Science of Food and Agriculture,* 23: 455-463.

Murphy K. L., Klopatek J. M. & Klopatek C. C., 1998. The effects of litter quality and climate on decomposition along an elevational gradient. *Ecological Applications,* 8: 1061-1071.

Myllarinen P., Buleon A., Lahtinen R. & Forssell P., 2002. The crystallinity of amylose and amylopectine films. *Carbohydrate Polymers*, 48: 41-48.

Nadam F. M, 2016. Décomposition de quelques plantes de couverture des hautes savanes guinéenne de l'Adamaoua Cameroun. Mémoire de Master de Biologie des Organismes Végétaux, Faculté des sciences, Université de Ngaoundéré, 60 p.

Naika S., Van L. J., Goffau M., Hilmi M. &Van D. B., 2005. La culture de la tomate: production, transformation et commercialisation. Fondation Agromisa et CTA, Wageningen. 17 p.

Neher D. A., Barbercheck M. E., Allaf S. M. & Anas O., 2003. Effects of disturbance and ecosystem on decomposition. *Applied Soil Ecology,* 23: 165-79.

Newman R. H, Ha M. A. & Melton L. D, 1994. Solid-state CNMR investigation of molecular ordering in the cellulose of apple cell walls. *Journal of Agricultural and Food Chemistry*, 42: 1402-1406.

Noumi E. & Anguessin B., 2010. Insecticide and ethnomedecine of HIV/AIDS at Tokombere (Far North Cameroon). *Indian Journal of Traditional Knowledge*, 9(3):730-735. **Nykvist N., 1959**. Leaching and decomposition of litter. Experiment on leaf litter of *Faxinus exalsior. Oïkos,* 10: 191-211.

Nykvist N., 1963. Leaching and decomposition of water-soluble organic substances from different types of leaf and needle litter. *Studia Forestaba Suecica,* 3:1-31.

Oduola T., Popoola G. B., Avwioro O. G., Oduola T. A., Ademosun A. A. & Lawal M.

O., 2007. Use of *Jatropha gossypifolia* stem latex as a haemostatic agent: how safe is it? *Journal of Medicinal Plants research*, 1 (1): 014 – 017.

Oladoye A. O., Ola-Adams B. A., Adedire M. O, and Agboola D. A., 2008. Nutrient Dynamics and Litter Decomposition in *Leucaena leucocephala (*Lam.) De Wit Plantation in the Nigerian Derived Savanna. *West African Journal of Applied Ecology,* 13: 96-103.

Oliveira F. C. S., Barros R. F. M. & Neto M. J. M., 2010. Plantas medicinais utilizadas em comunidades rurais d'Oeiras, semiárido piauiense. *Rev Bras. Pl. Med, Botucatu,* 12: 282-301. **Olson, J. S., 1963**. Energy storage and the balance of producers and decomposers in ecological systems. *Ecology,* 44: 322-331.

Osono T. & Takeda H., 2001. Organic chemical and nutrient dynamicsin decomposing beech leal litter in relation to fungal ingrowthand succession during 3 years decomposition processes in a cool temperate deciduous forest in Japan. *Ecologycal research*, 61: 649-670.

Palm C. A & Sanche Z. P. A., 1990. Decomposition and nutrient release patterns of the leaves of three tropical legumes. *Biotrop.,* 22: 330-338.

Pamo E.T., Boukila B., Tonfack L.B., Momo M. C. S., Kana J. R & Tendonkeng F., 2005. Influence de la fumure organique, du NPK et du mélange des deux fertilisants sur la croissance de *Moringa oleifera* dans l'Ouest Cameroun.|*Livestock Research for Rural Development,* 17(3): 53-62.

Papadopoulos A. R, 1991. Culture des tomates en serre sur sol et sans sol. Station de recherche Harrow (Ontario), Canada N° A53-1865/1991F ISBN 0-662-96886-7. 88 p.

Parent L. E. & Khiari L., 2003. Nitogen and phosphorus balance indicators in organic soils in: L-E. Parent p.Ilnicki (Eds). Organic soil and peat material for substainable agriculture chapter 6. CRC Press LLC. USA Florida, pp. 136-150.

Payne M. S. Petrillo K. L. Gavagan J. E. Dicosimo R. Wagner L. W. Anton D. L. 1997: Engineering Pichia pastoris for biocatalysis: co-production of two active enzymes. *Gene,* 194(2): 179-182.

Pet Roey L. P & Jingjing P. C., 2015. Effect of Different Fertilizer Schemes and Irrigation Intervals on Tomatoes' Response to Water Shortage. *Tropical Technology Journal*, 19: 2199-8698.

Ponge J. F., Arpin P. & Vannier G., 1993. Collembolan response to experimental perturbations of litter supply in a temperate forest ecosystem. *European Journal of Soil Science,* 29: 141-153.

Prentice I. C., Farquhar G. D. & Fasham M. J. R., 2001. The carbon cycle and atmospheric carbon dioxide. In: Houghton, J. T., Ding, Y., Griggs, D. J.,

Noguer, M., Vander Linden, J. P., Dai, X., Maskell, K., Johnson, C. A. (eds) Climate change: the scientific basis. *Cambridge University Press*, Cambridge, UK. 1112 p.

Privas E., 2013. Matériaux ligno-cellulosiques: "Elaboration et caractérisation». Thèse. École nationale supérieure des mines de Paris, Spécialité "Science et génie des matériaux". 168 p.

Quentin P., 2010. Effets de la diversité des essences forestières sur la décomposition des litières et le cycle des éléments. *Forêt wallonne,* 106: 10-16.

Ranc N., 2010. Analyse du polymorphisme moléculaire de gènes de composantes de la qualité des fruits dans les ressources génétiques sauvages et cultivées de tomate; recherche d'associations gènes. Thèse, 275 p.

Rapp M. & Leonardi S., 1988. Evaluation de la matière au sol au cours d'une année dans un taillis de chêne vert. *Pedobiologia*, 32: 170-185.

Rice R. D., Rice, L. W. & Tindall, H. D., 1993. Fruit and vegetable production in warm climates, *Mac Millan press*, London, 7 p.

Rippstein G., 1985. Etude sur la végétation de l'Adamaoua. Evolution, Conservation, Régénération et amélioration d'un écosystème pâturé au Cameroun. Etudes et synthèses n° 14, Maisons-Alfort, 367 p.

Rodier J., 1978. L'analyse de l'eau. Eaux naturelles, eaux résiduaires, eau de mer. 7ème édition, Edit. Dunod, Paris. 1127 p.

Rodolphe-Edouard S., Vincent V. S., Murielle F & Daniel J., 2016. Botanique systématique des plantes à fleurs. Une approche phylogénétique nouvelle des Angiospermes des régions tempérées et tropicales. Collection Biologie, 4ème édition. 447 p.

Rugina V., 2011. Utilisation du biocarburant: avantages et limites. Rentable Energies Transfert System (RETS).CEMENERG - Bucarest, Roumanie, 4 p.

Ryckwaert P. & Langlais C, 2000. Guide de la culture sous abri en zone tropicale humide, Montpellier, France, 91 p.
Samaké F. & Sangaré A. B., 1990. Contribution à l'étude de l'utilisation du tourteau de pourghère comme engrais organique. II- étude agronomique en vase de végétation. *Revue du Réseau pour l'Amélioration de la Production Agricole en Milieu Aride*, 2: 43-50.

Samba S., 2001. Effet de la litière de *Cordyla pinnata* sur les cultures: approche expérimentale en agroforesterie. *Annal of Sciences*, 58: 99-107.

Sanou F., 2010. Productivité de *Jatropha Curcas* L. et impact de la plante sur les propriétés chimiques du sol: Cas de Bagre (Centre Est du Burkina Faso). Université polytechnique de Bobo-dioulasso. Mémoire, Diplôme d'ingénieur du développement Rural, 72 p.

SCDB., 2009. Biodiversité et gestion forestière durable dans le bassin du Congo. Rapport. Montreal, 34 p.

Seastedt T. R., 1984. The role of microanthropods in decomposition and mineralization process. *Ann. Rev. Entomol*, 29: 25-246.

Sebillotte M., 1985. La jachère. Eléments pour une théorie dans: À travers champs, Agronomes et Géographes. Collections Colloque et Séminaire. ORSTOM, Paris, pp. 175-222.

Seguin B., 2007. Le réchauffement climatique et ses conséquences pour la viticulture Mission, Changement climatique et effet de serre: Réchauffement climatique, quels impacts probables sur les vignobles? 28-30 mars 2007. France, 9 p.

Selmi M., 1985. Différenciation des sols et fonctionnement des écosystèmes forestiers sur grés numidien de Kroumirie (Tunisie). Ecologie de la subéraie-Zeenaie. Thèse de Doctorat d'état, Université de Nancy I, 200 p.

Silver W. & Miya R., 2001. Global patterns in root decomposition: comparisons of climate and litter quality effects. *Oecologia,* 129: 407-419.

Singh K. P., 1969. Studies in decomposition of leaf litter of important trees of tropical deciduous forest at Varanasi. *Tropical Ecology*, 10: 292-311.

Singh p., Singh S., Mishra P. S. & Bathia K. S., 2009. Molecular Characterization of Genetic diversity in *Jatropha curcas* L. Genes, Genomes, and Genomic. Global science books, 8 p.

Smith A., 1997. Notes on Madagascan Euphorbiaceae V: *Jatropha. Kew Bulletin,* 52(1): 177-181.

Sokal J. R & Rohlf R. R., 1981. *Biometry.*W. H Freeman and Co: Sans Francisco. 2nde edition. 520 p.

Sokpon N. & Lejoly J., 1996. Les plantes à fruits comestibles d'une forêt semi-caducifoliée: Pobè, au Sud-est du Bénin: L'alimentation en forêt tropicale-Interactions bioculturelles et perspectives de développement. Les ressources alimentaires: production et consommation. *Editions* UNESCO MAB, 1: 315-324.

Souare K., 2006. Produits forestiers non ligneux majeurs dans la périphérie nord du parc national du Mbam et Djérem: Ethnobotanique, écologie et stratégies de gestion durable. 79 p. **Stamou, G. P., Pantis J. D & Sgardelis S. P., 1994**. Comparative study of litter decomposition in two Greek ecosystems: a temperate forest and an asphodel semi-desert. European Journal of Soil Biology, 30: 43-48.

Stark N. M. & Jordan C. F., 1978. Nutrient retention by the root mat of an Amazonian rain forest. *Ecology,* 59: 434-437.

Suchel J. B., 1971. La répartition des pluies et les régimes pluviométriques au Cameroun.

Centre de Recherches Africanistes. Université Fédérale du Cameroun. 286 p.

Suge J. K., Omunyin M. E & Omami E. N., 2011. Effect of organic and inorganic sources of fertilizer on growth, yield and fruit quality of eggplant *(Solanum melongena* L.). *Apply Science Research*, 3(6): 470-479.

Swift M. J., Heal O. W. & Anderson J. M., 1979. Decomposition in terrestrial ecosystems. Studies in Ecology. *University of California Press*, 5: 12-15.

Tardif A., 2014. Prédiction des taux de décomposition des litières végétales par les trais fonctionnels agrégés. *Sciences agricoles*. Université Blaise Pascal - Clermont-Ferrand II; Université de Sherbrooke. Département de biologie, 2013. Français. <NNT: 2013CLF22409>. 184 p.

Taylor B R. & Parkinson D., 1988. A new microcosm approach to litter decomposition studies. *Canadian Journal of Botany,* 66: 1933-1939.

Tchobsala, Mégueni C., Njintang Y. N., Nenwôla K. B., Prudent P., Wey J., Lyanaz J. and Djonbada P., 2013. Influence of agricultural inputs on growth and yield of *Jatropha curcas* (L.) in Cameroon. *Journal of Life Sciences*, 17: 913- 934.

Tchuenteu T. L., 2009. Effet des mycorhizes et de la fumure organique sur le rendement de trois accessions du ricin (*Ricinus communis* L.) cultivés en champ dans la zone soudano-guinéenne de l'Adamaoua Cameroun. Mémoire de Master, Faculté des Sciences, Université de Ngaoundéré, 50 p.

Tonfack L. B., Youmbi E., Amougou A. & Bernadac A., 2013. Effect of organic/inorganic-cation balanced fertilizers on yield and temporal nutrient allocation of tomato fruits under andosol soil conditions in Sub-Saharan Africa. *International Journal of Agricultural and Food Research*, 2 (2): 27-37.

Toutain F., Diagne A. F. & Le Tacon F., 1987. Effets d'apports d'éléments minéraux sur le fonctionnement d'un écosystème forestier de l'Est de la France. *Revue d'écologie et de biologie du sol,* 24: 283-300.

Trumbore S. E., Chadwick O. A & Amundson R., 1996. « Rapid exchange between soil carbon and atmospheric carbon dioxide driven by temperature change ». *Science,* 272: 393-396.

UNIFA, 2005a. Principaux éléments fertilisants. Parlons fertilisations. 6 p.

UNIFA, 2005b. Eléments fertilisants secondaires et oligoéléments. Parlons fertilisations. 6 p.

UNEP, 1991. Climate change and energy efficiency in industry. IPIECA. London, pp. 27-30.

UNEP, 2003. Acting for a better world. Nairobi, 159 p.

Updegraff D. M., 1969. Semi-micro determinate of cellulose in biological material. *Analytical biochemistry,* 32: 420-424.

Valencia A., Frérot B., Guénego H., Múnera D. F., Sá M. F. G. & Calatayud P. A., 2006.

Effect of *Jatropha gossypiifolia* leaf extracts on three lepidoptera species. *Rev Colomb Entomol,* 32: 45-48.

Varela A. M., Seif A. and Löhr B., 2003. CTA/ICIPE/GTZ A guide to IPM in tomato production in Eastern and Southern Africa. *ICIPE Science Press*, Nairobi, Kenya, 39 p.

Versini A., 2012. Effet de la manipulation des litières aériennes sur les cycles du C et de N dans les sols en plantation d'Eucalyptus au Congo. Thèse de doctorat, Université de Lorraine en Géosciences. 222 p.

Von Lutzow M., Kogel-Knabner I., Ekschmitt K., Matzner E., Guggenberger G., Marschner B. & Flessa H., 2006. Stabilization of organic matter in temperate soils: mechanisms and their relevance under different soil conditions a review. *European Journal of Soil Science*, 57: 426-445.

Wagner A., 1998. The decomposition process. Retrieved November 16th 2006 from
http://aggie-horticulture.tamu.edu/extension/compost

Walter H & Leith H. 1964. Klimadiagramm-Weltatlas. 2. Liefernug, Jena.

Waring R. H. & Schlesinger W. H., 1985. Forest ecosystems, concepts and management. *Acad. Press*. Inc., Orlando, USA. 340 p.

Wertz J-L., 2010. La lignine. Note de synthèse. Document FARR-Wal. Avec le soutien de la Région Wallonne-DGO3/4. 23 p.

Williams S. T. & Gray T. R. G., 1974. Decomposition of litter on the soil surface. In Dickinson, C. H. and Pugh, G. J.H., editors, *Biology of plant litter decomposition*, London: *Academic Press*, 6: 11-32.

Woods P. V & Raison R. L., 1983. Decomposition of litter in sub- alpine forests of *Eucalyptus delegalensis, E. pauciflora* and *E. dives*. *Australian journal of Ecology,* 8: 287-299.

Worthington V., 2002. Bulletin de Liaison des partenaires en agriculture soutenu par la communauté dans: Le partenaire. *Equiterre*, 1(1): 1-2.

Youssaou, 2011. Les questions environnementales sur la désertification au Cameroun. Atelier sur les statistiques de l'environnement. Yaoundé, Cameroun du 05 au 09 décembre. 26 p. **Yverdon L. B., 2013.** Tout sur les tomates. Service des Travaux et de l'Environnement-Plantages. 4 p.

Zimmer M, Auge H, Von Wühlisch G, Schueler S. & Haase J., 2015. Environment rather than genetic background explains intraspecific variation in the protein-precipitating capacity of phenolic compounds in beech litter. *Plant Ecolology Divers*, 8(1): 73-79.

Zouaoui I., Abbès C., Foued Hasnaoui & Hasnaoui B., 2010. Dynamique de la décomposition des litières dans les sols forestiers. Actes du 1er Colloque International "Ressources Sylvopastorales et Développement Durable en Méditerranée, tenu à Tabarka du 19 au 21 Octobre 2010. 10 p.

ANNEXES

Annexe 1: Données météorologiques des stations d'études

Stations	Paramètres	Mois												
	climatiques	J	F	M	A	M	J	J	O	S	O	N	D	Total
Ngaoundéré	P (mm)	0	0,65	30,27	141,45	196,72	212,07	228,62	246,22	236,07	126,32	4,3	0	1422,72
	T (°C)	25,32	27,55	30, 31	30,6	29,67	29,35	26,8	26,35	26,27	26,8	27,95	25,12	27,65
	HR (%)	48,1	46,1	53,5	61,3	78	80,6	82,05	83,4	81,65	76,45	65,35	53,1	67,46
Ngong	P (mm)	0	0	0,5	25,32	25,32	143,54	177,36	180,82	228,98	91,62	9,56	0	984,08
	T (°C)	27,56	30,51	32,27	33,93	31,13	28,6	26,38	27,2	27,31	28,8	28,75	26,5	29,07
	HR (%)	48,18	49,78	35,68	64,2	77,14	91,24	97,1	96,28	96,92	95,18	71,7	57,26	73,38
Maroua	P (mm)	0	0	0	10,42	37,9	103,47	240,37	257,75	157,05	54,2	0	0	861,17
	T (°C)	30,71	34,76	35,68	37,59	32,62	26,55	24,73	21,89	23,97	27,76	35	29,51	30,08
	HR (%)	31,27	23,49	16,78	23,68	55,15	74,82	77,69	84,33	76,25	65,05	37,35	21,32	48,93

Source: stations météorologiques (Ngaoundéré, Garoua, Maroua) (2014). Précipitation (P); température (T) et humidité relative (HR)

Annexe 2: Moyennes des teneurs d'eau (%) des litières de Jatropha curcas (JC) et Jatropha gossypifolia (JG) en fonction des dates de prélèvements d'échantillons

Date (heures)	*J. curcas*	*J. gossypifolia*	t de *Student*
0	3,24 ± 0[a]	4,41 ± 0[a]	105,10***
1	107,94 ± 2,24[b]	180,35 ± 0,97[b]	41,94***
6	171,67 ± 2,36[c]	228,82 ± 9,00[c]	8,68*
24	205,26 ± 0[d]	253,85 ± 0[d]	6871,66***
72	244,90 ± 8,50[e]	285,44 ± 1,17[e]	6,68*
144	242,12 ± 9,81[e]	318,37 ± 8,66[f]	8,24*
240	280,30 ± 27,73[f]	352,77 ± 18,65[g]	6,70*
F	**136,08*** **	**367,91*** **	

* P<0,05; ** P<0,01; *** P<0,001. Différentes lettres indiquent les valeurs de teneurs en eau sont différentes entre les dates de prélèvements.

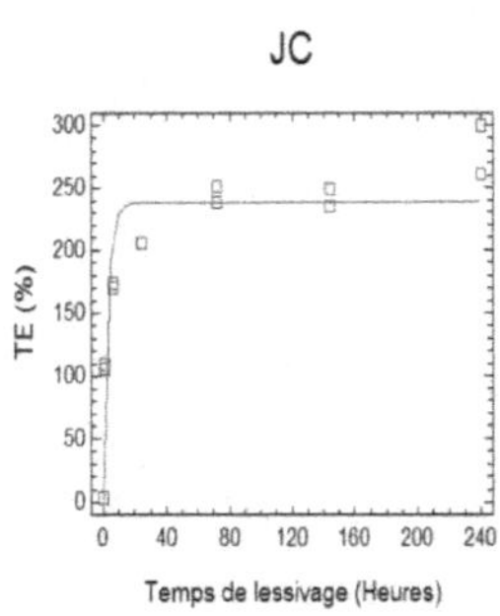

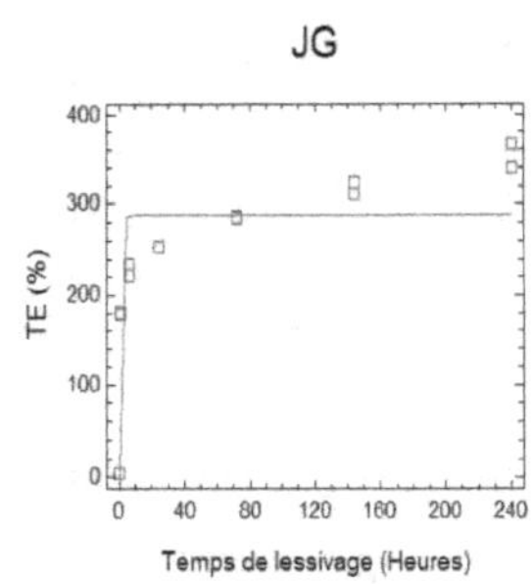

Annexe 3: Courbes des ajustements des teneurs en eau (TE, %) de litières de Jatropha curcas (JC) et de Jatropha gossypifolia (JG) au modèle exponentiel de la forme: TE (%) = A*(1-e-ket) où A est l'asymptote ou capacité maximale d'absorption d'eau (%), ke„ la constante ou vitesse d'absorption d'eau (heure-1) et t, le temps d'absorption d'eau (heures).

Annexe 4: Moyennes des MSR (%) des litières de Jatropha curcas (JC) et Jatropha gossypifolia (JG) en fonction des dates de prélèvements

Date (heures)	*J. curcas*	*J. gossypifolia*	t de *Student*
0	100,00 ± 0^{a}	100,00 ± 0^{a}	
1	92,92 ± 0^{b}	87,25 ± 1,05^{b}	7,61*
6	88,50 ± 0,01^{c}	79,80 ± 1,05^{c}	11,72**
24	84,07 ± 0,01^{d}	77,60 ± 0^{d}	920,65***
72	80,38 ± 1,04^{e}	76,81 ± 1,05^{d}	3,41^{ns}
144	78,91 ± 1,04^{e}	73,09 ± 0,01^{e}	7,86*
240	74,48 ± 1,04^{f}	70,85 ± 1,05^{f}	6,90*
F	**334,79*****	**313,32*****	

* P<0,05; ** P<0,01; *** P<0,001. Différentes lettres indiquent les valeurs de MSR sont différentes entre les dates de prélèvements.

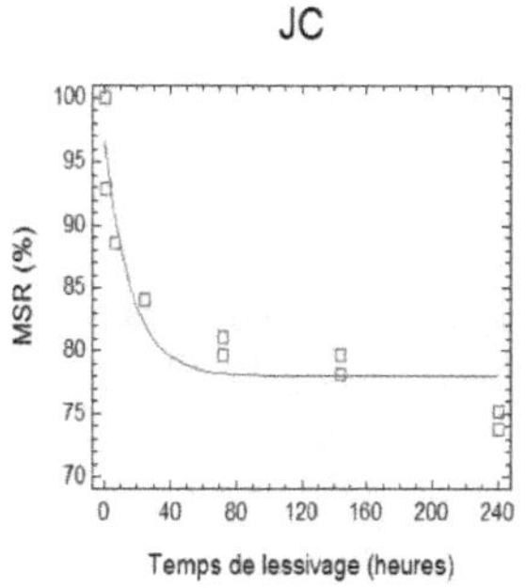

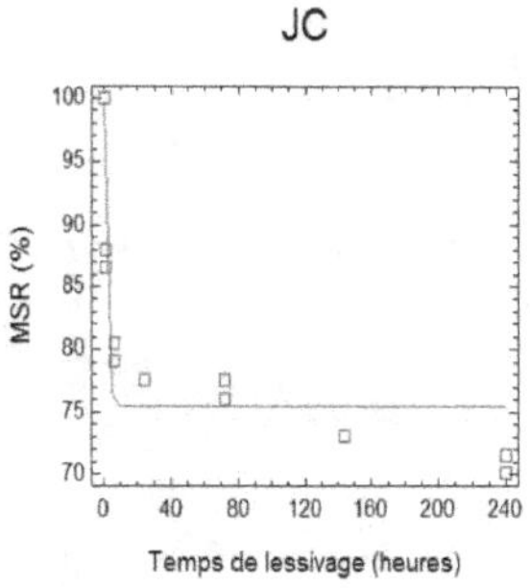

Annexe 5: Courbes des ajustements des MSR (%) de litières de J. curcas (JC) et de J. gossypifolia (JG) au modèle exponentiel simples de la forme: MSR = Be-klt + C, où B est la masse initiale, C, l'asymptote ou capacité maximale de perte de masse, kl la constante ou vitesse de lessivage (heure-1) et t le temps de lessivage (heures).

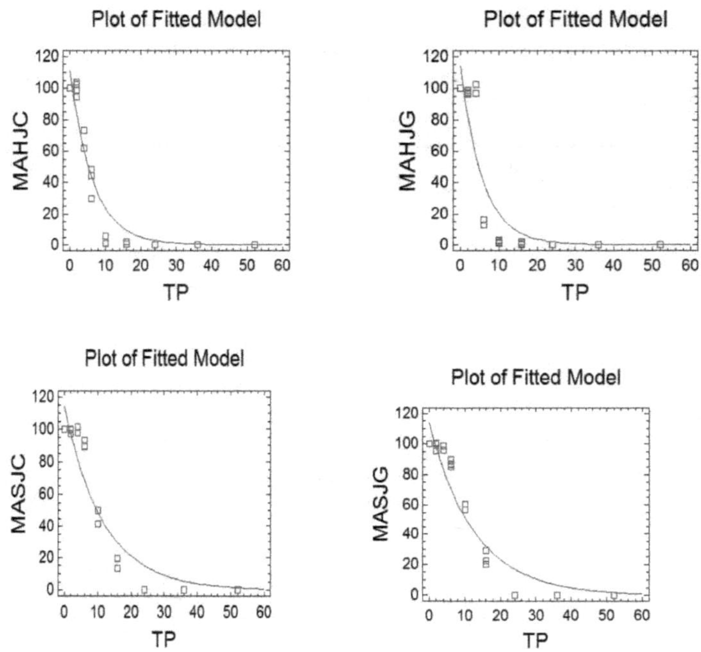

Annexe 6: Ajustements des MSR (%) de litières de Jatropha curcas (JC) et Jatropha gossypifolia (JG) décomposées sous(S) et hors (H) houppier dans le site de Maroua (MA) au modèle exponentiel simple.

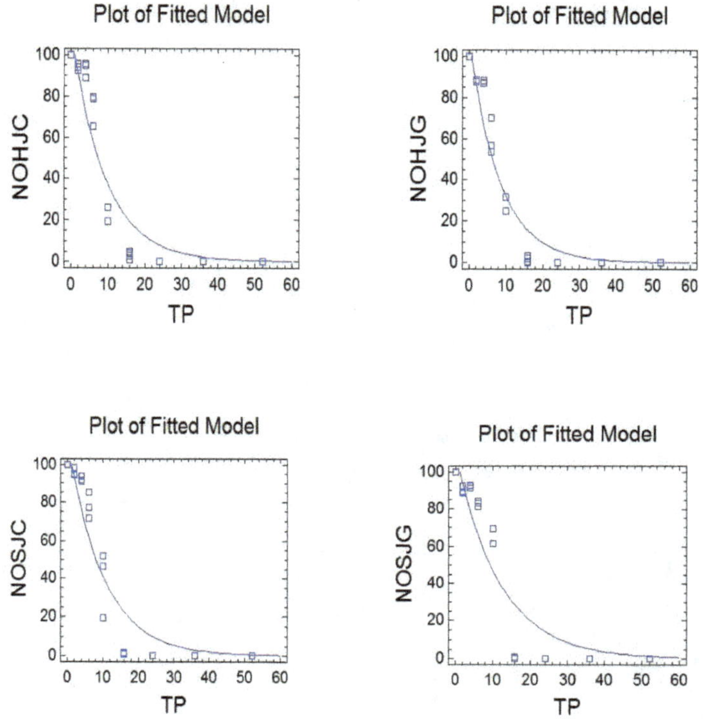

Annexe 7: Ajustements des MSR (%) de litières de Jatropha curcas (JC) et Jatropha gossypifolia (JG) décomposées sous(S) et hors (H) houppier dans le site de Ngong (NO) au modèle exponentiel simple.

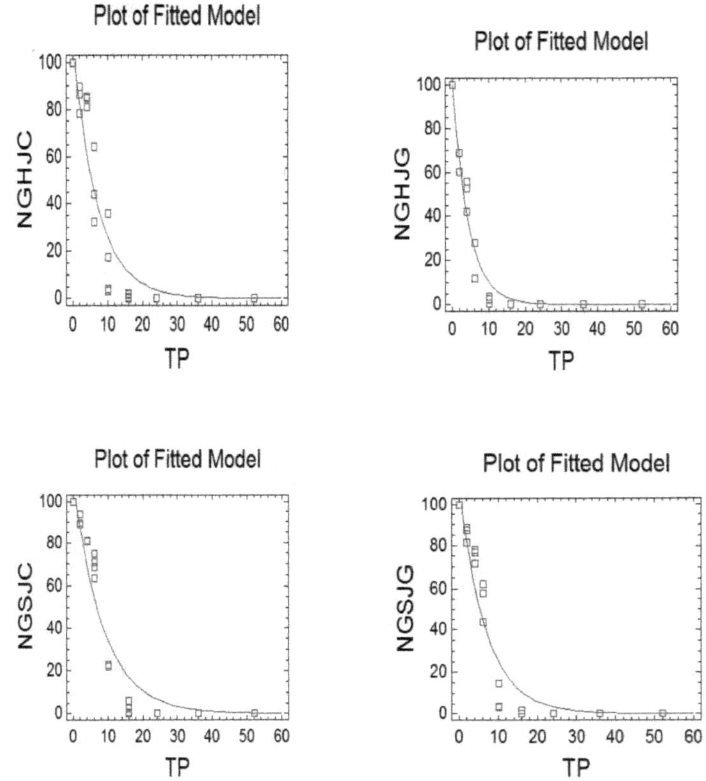

Annexe 8: Ajustements des MSR (%) de litières de J. curcas (JC) et J. gossypifolia (JG) décomposées sous(S) et hors (H) houppier dans le site de Ngaoundéré (NG) au modèle exponentiel simple.

www.ingramcontent.com/pod-product-compliance
Lightning Source LLC
LaVergne TN
LVHW022036200926
848481LV00003B/709

* 9 7 9 8 8 9 2 4 8 6 1 3 2 *